Mitteilungen

aus dem

Königlichen Materialprüfungsamt

zu

Groß-Lichterfelde West.

Herausgegeben

im Auftrage

der Königlichen Aufsichts-Kommission.

Achtundzwanzigster Jahrgang:

1910.

Mit VII Tafeln und Abbildungen im Text.

Springer-Verlag Berlin Heidelberg GmbH

1910.

ISBN 978-3-662-42845-0   ISBN 978-3-662-43128-3 (eBook)
DOI 10.1007/978-3-662-43128-3
Softcover reprint of the hardcover 1st edition 1910

Inhalts-Verzeichnis.

Mitteilungen

aus dem

Königlichen Materialprüfungsamt

zu Groß-Lichterfelde West.

Herausgegeben im Auftrage

der Königlichen Aufsichts-Kommission.

XXVIII. Jahrgang.   1910.   Erstes Heft.

1. Die Eigenschaften deutscher Portlandzemente.

Von H. Burchartz, ständiger Mitarbeiter der Abteilung 2 für Baumaterialprüfung.

Um einen Überblick über die Eigenschaften der im Betriebsjahr 1907/08 geprüften deutschen Portlandzemente zu gewinnen, sind die Ergebnisse der mit diesen ausgeführten Prüfungen[1]), soweit sie vollständig nach den preußischen Normen vorgenommen wurden, nachstehend in Tab. 1 zusammengefaßt[2]), und zwar als Mittelwerte aus je 3 Einzelversuchen für die Eigenschaften: Gewicht, spez. Gewicht, Glühverlust, Mahlfeinheit, Raumbeständigkeit und Abbindezeit sowie aus je 10 Einzelversuchen für die Festigkeitseigenschaften.

Die Zemente sind nach steigender Druckfestigkeit des 28 Tage alten Normenmörtels geordnet. Die schräg gedruckten Zahlen in den Spalten 15 bis 22 beziehen sich auf den reinen Zement (Eigenfestigkeit).

Sämtliche geprüften Zemente entsprachen den Normen hinsichtlich der Mahlfeinheit.

Von den 100 Zementen waren 94 Zemente Langsambinder und 6 Zemente Schnellbinder.

Alle Zemente bestanden die Raumbeständigkeitsprobe nach den Normen (Kaltwasserprobe und Luftprobe) und die Darrprobe. 28% bestanden nicht die Kochprobe.

Sämtliche Zemente erfüllten die Anforderungen der Normen bezüglich der Zugfestigkeit; 3% erreichten nicht die verlangte Druckfestigkeit.

Die schnellbindenden Zemente standen durchschnittlich den langsambindenden an Festigkeit nicht nach. Ein Raschbinder von 7 Minuten Abbindezeit hatte sogar 29,1 kg/qcm Zugfestigkeit und 342 kg/qcm Druckfestigkeit.

Um die Häufigkeit der Wiederkehr von Werten bestimmter Größe für die einzelnen Eigenschaften der Zemente übersichtlich darzustellen, sind diese Werte, in bestimmten Grenzen stufenweise geordnet, für jede Eigenschaftsgruppe in den Tab. 2 bis 10 zusammengestellt und gleichzeitig in Abb. 1 zeichnerisch aufgetragen. Die Zahlen der einzelnen Wertgruppen sind auf 100 Fälle umgerechnet.

---

[1]) Die Geräte und Verfahren für die Prüfung von Portland Zement in der Kgl. mech. techn. Versuchsanstalt. Mitteilungen 1896 S. 155 ff.

[2]) Die Eigenschaften von Portland-Zementen. Mitteilungen aus dem Kgl. Materialprüfungsamt 1907 S. 62 ff.

Aus den Tabellen und der Abbildung ergibt sich:

1. Raumgewicht (R_f u. R_r).

Das Raumgewicht des eingelaufenen Zementes schwankt in der Mehrzahl der Fälle (28%) zwischen 1,10 und 1,15 kg/l. Die übrigen Fälle gliedern sich eng an das Mittel an.

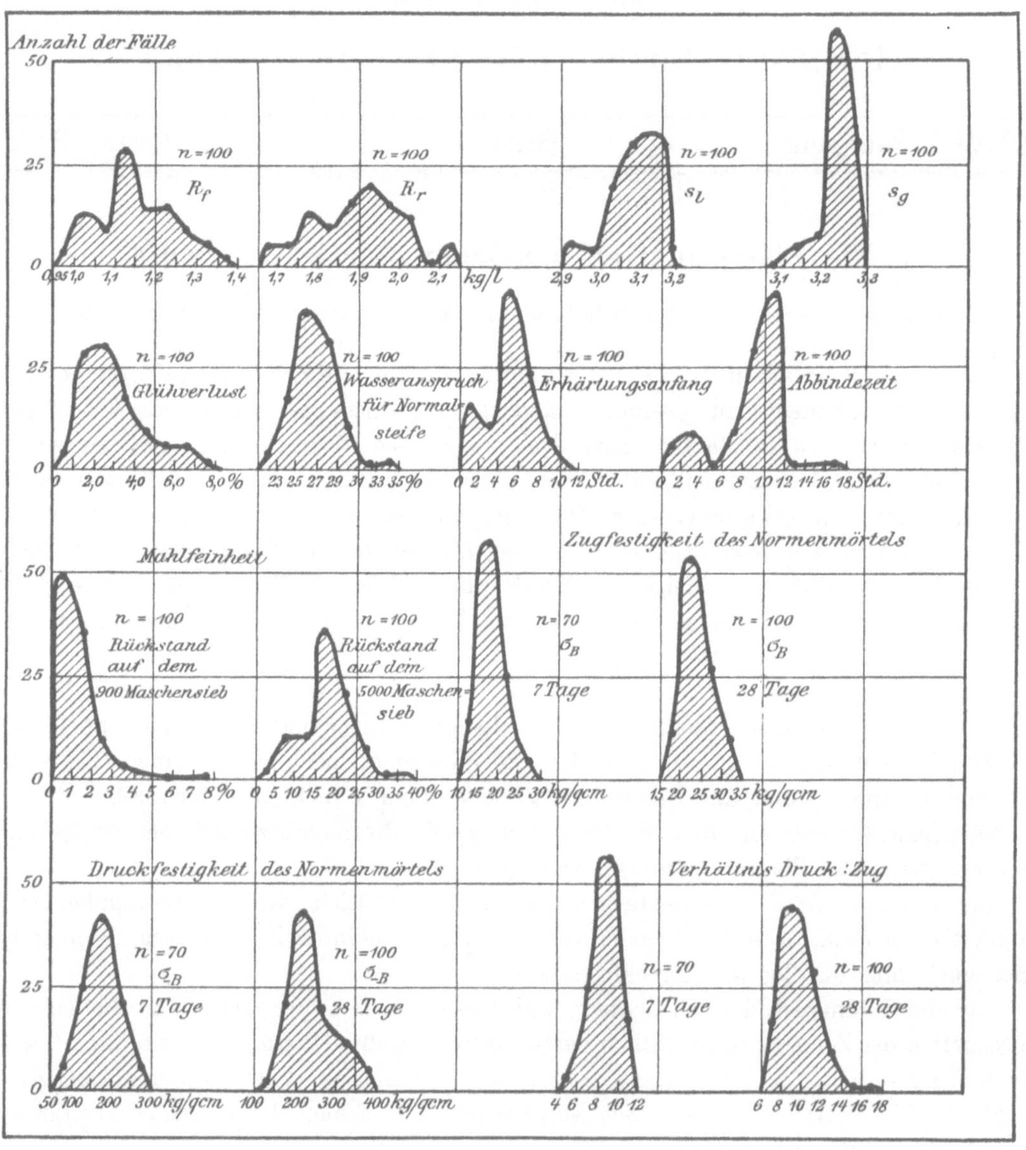

Abb. 1.

Etwas ungleichmäßiger sind die Werte für das Raumgewicht des eingerüttelten Zementes. Es liegt im wesentlichen in den Stufen zwischen 1,75 und 2,05 kg/l.

2. Spezifisches Gewicht (s_l u. s_g).

Das spezifische Gewicht des luftrockenen Zementes liegt in der Mehrzahl der Fälle (67 %) zwischen 3,05 und 3,15. Unter 3,05 liegen nur 10 %, über 3,15 nur 4 %. Das spezifische Gewicht des geglühten Zementes liegt in der Mehrzahl der Fälle (61 %) zwischen 3,20 und 3,25. Die übrigen Fälle schließen sich eng an das Mittel an.

3. Glühverlust.

Der Glühverlust liegt in der Mehrheit der Fälle in den Grenzen zwischen 1 und 2 % (27 %), 2 und 3 % (30 %) und 3 und 4 % (17 %). Über 4 % Glühverlust haben 21 % Zemente.

4. Wasseranspruch für Normalsteife.

Die Mehrzahl der Fälle (38 %) liegt zwischen 25 und 27 %. 17 % Zemente verlangen zwischen 23 und 25 %, 28 % zwischen 27 und 29 % und 11 % zwischen 29 und 31 % Wasserzusatz.

5. Mahlfeinheit.

Für den Rückstand auf dem 900-Maschensiebe liegt die Mehrzahl der Fälle (49 %) zwischen 0 und 1 %; 36 % liegen zwischen 1 und 2 %; die darüber liegenden gruppieren sich eng an das Mittel an. Im Vorjahre waren die Zemente durchschnittlich feiner. 69 % lagen zwischen 0 und 1 % und nur 31 % über 1 %. Für den Rückstand auf dem 5000-Maschensiebe schwankt die Mehrzahl der Fälle (36 %) zwischen 15 und 20 %. Die übrigen verteilen sich gleichmäßig nach unten bis 3,4 % und nach oben auf die anderen Grenzstufen. Im Vorjahre war die Mehrzahl der Fälle zwischen 15 und 22 % höher; sie betrug 45 %.

6. Zugfestigkeit (28-Tagesfestigkeit des Normenmörtels).

Für die Mehrzahl der Fälle (53 %) schwankt die Zugfestigkeit zwischen 20 und 25 kg/qcm. Die übrigen Fälle gruppieren sich eng an das Mittel. Im Vorjahre betrug die Mehrzahl der Fälle für die Grenze 20 bis 25 kg/qcm nur 46 %.

7. Druckfestigkeit (28-Tagesfestigkeit des Normenmörtels).

Die Mehrzahl der Fälle (43 %) liegt zwischen 200 und 250 kg/qcm. Die übrigen Fälle gliedern sich ziemlich eng an das Mittel.

8. Verhältnis Druck : Zug (28-Tagesproben).

Die Mehrzahl der Fälle (44 %) schwankt zwischen den Verhältnissen 8 und 10. Die übrigen Fälle gruppieren sich eng um das Mittel.

Auf chemische Zusammensetzung ist nur eine geringe Anzahl von Zementen geprüft worden. Aus den vorliegenden Analysenwerten ist jedoch ersichtlich, daß die Zusammensetzung innerhalb der gleichen Grenzen liegt, wie sie im Vorjahre gefunden wurden (Mitteilungen 1907 S. 82). —

Nach den von dem Leiter des Laboratoriums des Vereins Deutscher Portland-Zement-Fabrikanten zu Karlshorst, Herrn Dr. Framm, freundlichst zur Verfügung gestellten Angaben sind die bei der Analyse von 82 Portlandzementen gefundenen Grenz- und Mittelwerte der Einzelbestandteile folgende:

	Kleinstwert	Höchstwert	Mittel
In Salzsäure unlöslich . .	0,25 %	6,78 %	1,40 %
Kieselsäure (SiO_2)	17,75 „	24,86 „	20,87 „
Tonerde (Al_2O_3) . . · . . .	4,08 „	9,25 „	7,63 „
Eisen (Fe_2O_3)	0,75 „	4,33 „	2,98 „
Kalk (CaO)	56,88 „	68,12 „	62,99 „
Magnesia (MgO)	0,67 „	3,79 „	1,55 „
Schwefelsäure (SO_3) . . .	0,86 „	2,86 „	1,85 „
Sulfid. Schwefel	0,00 „	0,52 „	0,10 „

In Tab. 11 sind die Abweichungen der Einzelwerte vom Mittel für die 28-Tages-Zug- und Druckfestigkeit des Normenmörtels von allen 100 Zementen zusammengefaßt und in Abb. 2 zum Schaubilde aufgetragen.

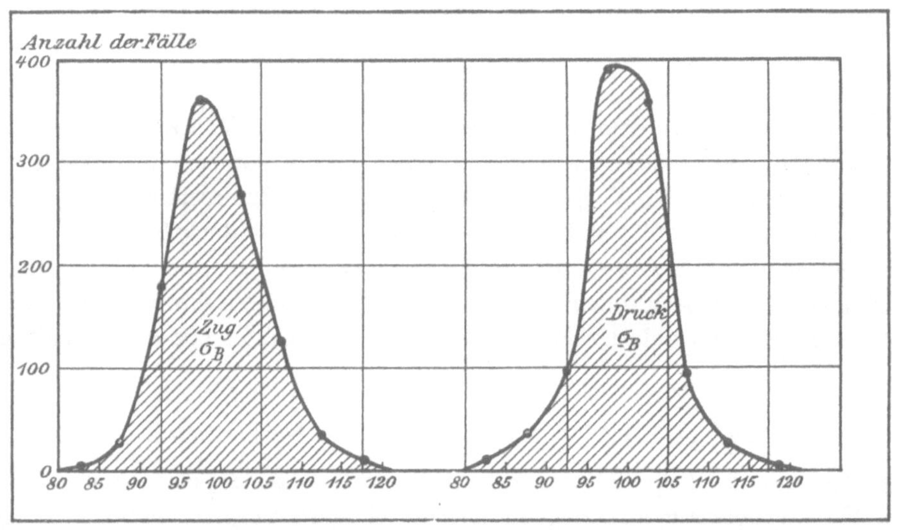

Abb. 2. (Anzahl der Fälle bezogen auf Tausend.)

Der Verlauf der Schaulinien zeigt, daß die Abweichungen der Druckfestigkeitswerte etwas geringer sind, als die der Zugfestigkeitswerte, daß also, wie früher schon Martens[1]) auf Grund eines umfangreichen Zahlenmaterials nachgewiesen hat, der Druckversuch zuverlässiger ist, als der Zugversuch. —

Um die Beziehungen der Mörtelfestigkeit der Zemente zu deren Eigenfestigkeit zur Anschauung zu bringen, sind die ermittelten Zug- und Druckfestigkeitswerte des reinen Zementes von 22 Zementen mit den bezüglichen mittleren Normen Mörtelfestigkeiten in Tab. 12 nach steigender 28-Tagesdruckfestigkeit des reinen Zementes geordnet und in Abb. 3 zeichnerisch aufgetragen. Die dünnen Linien bedeuten die Mörtelfestigkeit, die dicken Linien die Eigenfestigkeiten.

---

[1]) Martens, Über den Sicherheitsgrad und die Beurteilung der Festigkeitsversuche nach den Normen der Zementprüfung. Mitteilungen 1900 S. 91.

In Tab. 12 sind ferner die Verhältniszahlen, die das Verhältnis der Eigenfestigkeit (= 100) zur bezüglichen Mörtelfestigkeit darstellen, errechnet.

Wie der Verlauf der Schaulinien (Abb. 3) zeigt, steigt die Mörtelfestigkeit der Zemente mit zunehmender Eigenfestigkeit gesetzmäßig; das Verhältnis ist jedoch bei den weniger festen Zementen im allgemeinen günstiger, als bei den festeren.

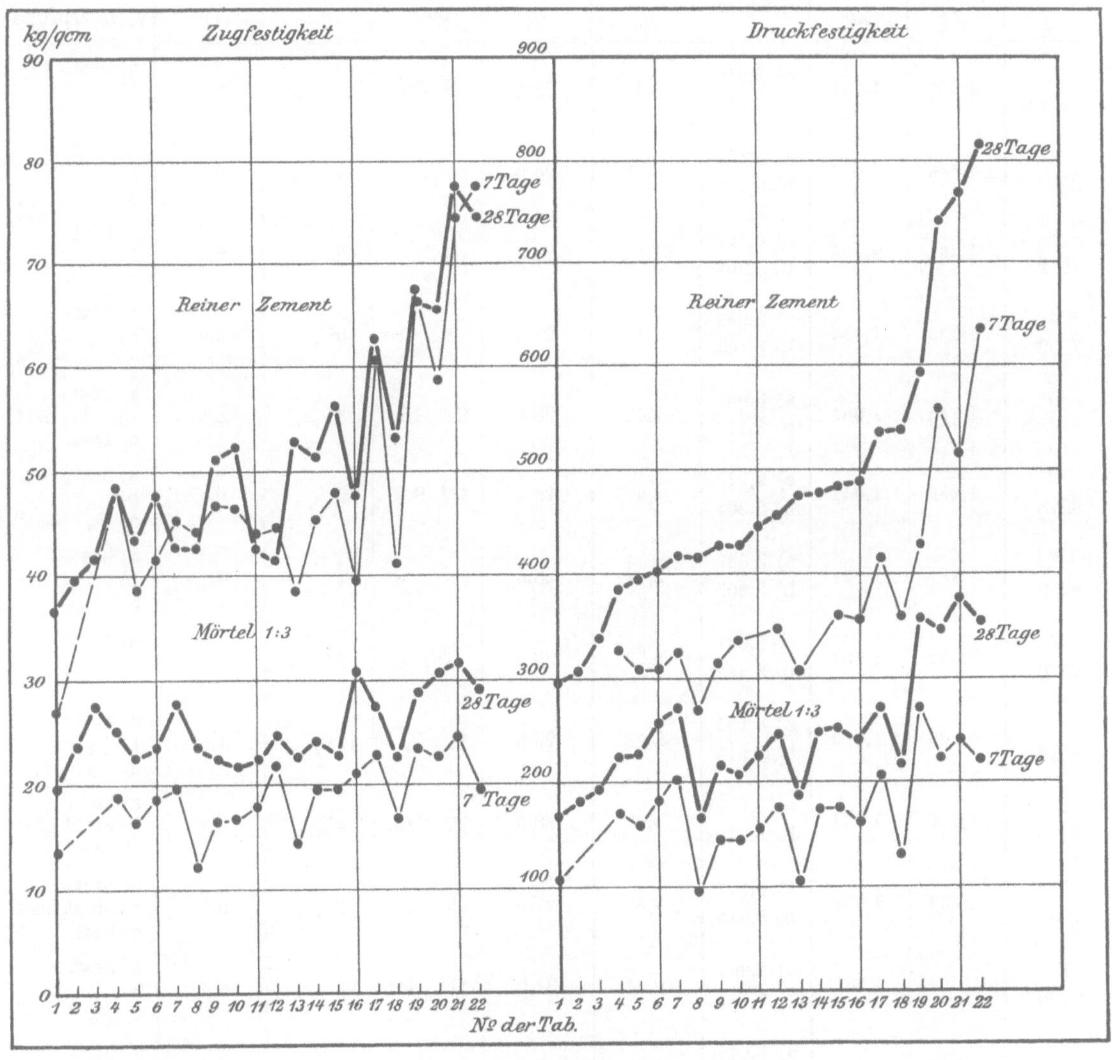

Abb. 3.

Am Schlusse der Tab. 1 sind auch die Ergebnisse der Prüfung einiger Zemente angeführt, die als „belgische Zemente" eingereicht wurden.

Wie aus diesen Ergebnissen ersichtlich, zeigen die Zemente die gleichen Eigenschaften, wie sie bereits früher[1]) bei der Prüfung belgischer (Natur-) Zemente festgestellt worden sind.

---

[1]) Belgische Zemente. Mitteilungen 1907 S. 277 ff.

Tabelle 1. Ergebnisse der im Betriebsjahre 1907/08 ausgeführten

1	2	3	4	5	6	7	8	9	10
	Litergewicht		Spez. Gewicht	Glüh-	Abbindeverhältnisse				Raumbeständigkeit
Lfd. und Antragsnummer	R_f	R_r	a) lufttrocken b) geglüht	verlust	Wasserzusatz	Erhärtungsanfang nach	Abbindezeit	Wärmeerhöhung	a) Normenprobe b) Kochprobe c) Darrprobe
	kg	kg		%	%			C°	
1 8565a	1,049	1,722	a) 2,946 b) 3,190	6,50	28,5	5 Std.	12 Std.	0,8	a) best. b) „ c) „
2 8829	1,346	2,046	a) 3,104 b) 3,255	2,55	24,0	$3\frac{3}{4}$ „	$4\frac{1}{2}$ „	6,4	a) best. b) „ c) „
3 7532	1,364	2,178	a) 3,155 b) 3,202	1,13	24,0	9 „	12 „	8,3	a) best. b) „ c) „
4 7652	1,093	1,912	a) 3,081 b) 3,104	1,71	27,5	5 „	$10\frac{1}{2}$ „	3,0	a) best. b) „ c) „
5 8225b	1,145	1,851	a) 3,000 b) 3,117	5,86	28,0	24 Min.	$3\frac{1}{4}$ „	3,5	a) best. b) nicht best. c) best.
6 8278	1,199	1,942	a) 2,925 b) 3,204	4,92	26,5	$5\frac{3}{4}$ Std.	$9\frac{1}{2}$ „	0,5	a) best. b) „ c) „
7 8929	1,131	1,921	a) 3,086 b) 3,205	2,22	28,5	5 „	7 „	7,1	a) best. b) „ c) „
8 8570	1,052	1,684	a) 3,024 b) 3,232	6,28	29,5	$4\frac{1}{4}$ „	$6\frac{1}{4}$ „	2,4	a) best. b) „ c) „
9 8176	1,206	1,913	a) 3,105 b) 3,240	2,78	29,5	10 „	$16\frac{1}{2}$ „	1,4	a) best. b) „ c) „
10 8225	1,148	1,854	a) 3,105 b) 3,240	4,08	28,5	22 Min.	$3\frac{1}{2}$ „	3,2	a) best. b) nicht best. c) best.
11 7722	1,252	1,978	a) 3,147 b) 3,215	0,95	27,0	45 „	$1\frac{1}{4}$ „	6,1	a) best. b) nicht best. c) best.
12 7490	1,090	1,813	a) 2,904 b) 3,119	8,04	31,0	$11\frac{1}{2}$ Std.	17 „	0,9	a) best. b) „ c) „
13 8225	1,139	1,882	a) 3,046 b) 3,167	6,26	27,5	19 Min.	3 „	3,4	a) best. b) nicht best. c) best.
14 8094	1,129	1,798	a) 3,071 b) 3,241	2,80	30,0	6 Std.	8 „	8,0	a) best. b) nicht best. c) best.
15 8287	1,146	1,816	a) 2,995 b) 3,229	6,01	28,0	6 „	10 „	2,0	a) best. b) „ c) „
16 8028	1,087	1,763	a) 3,030 b) 3,133	2,70	28,5	43 Min.	$2\frac{1}{4}$ „	4,9	a) best. b) nicht best. c) best.

[1]) Die in Spalte 15 bis 22 *schräg gedruckten* Zahlen beziehen sich auf reinen Zement.

Normenprüfungen von 100 deutschen Portlandzementen [1]).

11	12	13	14	15	16	17	18	19	20	21	22	23
Mahlfeinheit				Festigkeit des Mörtels aus 1 Gewtl. Zement + 3 Gewtl. Normensand								
Rückstand in % auf den Sieben mit der übergeschriebenen Anzahl Maschen auf 1 qcm				Wasserzusatz	Zugproben			Druckproben			Verhältnis Druck/Zug	
					r	Zugfestigkeit kg/qcm		r	Druckfestigkeit kg/qcm			
324	600	900	5000	%	28 Tage	7 Tage	28 Tage	28 Tage	7 Tage	28 Tage	7 Tage	28 Tage
1,9	3,5	3,7	18,4	8,75	2,329	—	23,0	2,262	—	145	—	6,3
0,2	1,8	2,0	28,4	8,75	2,300	—	23,4	2,245	—	157	—	6,7
0,2	1,1	2,1	28,5	8,5	2,343	15,2	24,5	2,256	90	157	5,9	6,4
0,2	0,4	0,6	5,0	19,0 9,0	2,314 2,386	44,0 12,0	42,8 23,6	2,251 2,293	268 93	417 162	8,2 7,8	9,0 9,5
0,8	1,6	2,2	21,2	8,75	2,343	—	17,1	2,259	—	164	—	9,6
0,8	3,0	3,0	17,9	8,75	2,314	14,5	19,1	2,256	115	164	7,9	8,6
0,0	0,4	0,6	13,9	8,75	2,314	13,9	20,6	2,237	110	164	7,9	8,0
0,4	2,1	2,3	22,8	9,0	2,314	—	22,0	2,242	—	164	—	7,5
0,2	1,2	1,4	22,0	8,5	2,343	—	23,5	2,254	—	164	—	7,0
0,8	1,2	1,8	19,7	8,75	2,343	—	23,5	2,254	—	164	—	7,0
0,2	0,4	0,8	18,0	21,0 8,5	2,343 2,400	26,9 13,3	36,6 19,6	2,208 2,279	 105	295 167	7,9	8,1 8,5
0,0	0,1	0,2	11,6	8,75	2,343	12,4	22,5	2,262	75	167	6,0	7,4
0,2	0,8	1,4	15,7	8,75	2,357	—	17,4	2,265	—	170	—	9,8
0,4	1,0	1,4	19,8	8,5	2,329	—	20,2	2,259	—	170	—	8,4
0,8	2,8	2,8	16,9	8,75	2,314	15,2	19,3	2,248	122	172	8,0	8,9
0,0	0,4	0,6	17,6	8,25	2,343	—	19,6	2,256	—	176	—	9,0

1	2	3	4	5	6	7	8	9	10
	Litergewicht		Spez. Gewicht			Abbindeverhältnisse			Raumbeständigkeit
Lfd. und Antragsnummer	R_f kg	R_r kg	a) lufttrocken b) geglüht	Glühverlust %	Wasserzusatz %	Erhärtungsanfang nach	Abbindezeit	Wärmeerhöhung C°	a) Normenprobe b) Kochprobe c) Darrprobe
17 8065	1,192	1,941	a) 2,969 b) 3,237	6,17	23,0	$5\frac{1}{2}$ Std.	10 Std.	0,2	a) best. b) nicht best. c) best.
18 8565	1,101	1,843	a) 3,030 b) 3,158	3,19	25,5	$5\frac{1}{2}$ „	$10\frac{3}{4}$ „	3,7	a) best. b) „ c) „
19 7915	1,045	1,769	a) 3,015 b) 3,175	4,42	31,0	$6\frac{3}{4}$ „	$10\frac{1}{4}$ „	1,9	a) best. b) „ c) „
20 7835	1,048	1,691	a) 3,007 b) 3,274	6,26	31,5	9 „	12 „	1,5	a) best. b) „ c) „
21 7953	1,048	1,776	a) 3,069 b) 3,228	2,59	26,0	5 „	9 „	1,2	a) best. b) „ c) „
22 8718	1,045	1,760	a) 3,072 b) 3,249	3,42	27,0	4 „	9 „	2,2	a) best. b) nicht best. c) best.
23 9102	1,175	1,907	a) 3,065 b) 3,228	2,63	27,5	1 „	4 „	1,0	a) best. b) nicht best. c) best.
24 8724	1,172	1,872	a) 3,077 b) 3,243	3,03	26,5	$8\frac{1}{4}$ „	11 „	3,9	a) best. b) „ c) „
25 7835	1,044	1,721	a) 2,979 b) 3,256	6,21	29,0	$6\frac{1}{2}$ „	$11\frac{1}{2}$ „	0,3	a) best. b) „ c) „
26 8979	1,117	1,871	a) 3,020 b) 3,204	4,47	27,0	$7\frac{1}{2}$ „	12 „	2,4	a) best. b) nicht best. c) best.
27 8654	1,120	1,832	a) 3,085 b) 3,230	2,48	28,5	$1\frac{1}{4}$ „	$2\frac{1}{4}$ „	6,0	a) best. b) „ c) „
28 7938	1,106	1,837	a) 3,115 b) 3,238	2,23	29,5	18 Min.	45 Min.	5,3	a) best. b) „ c) „
29 7635	1,076	1,803	a) 3,038 b) 3,220	3,47	27,5	$5\frac{3}{4}$ Std.	$10\frac{1}{2}$ Std.	1,8	a) best. b) „ c) „
30 8979a	1,122	1,871	a) 3,027 b) 3,201	4,45	26,5	6 „	11 „	1,0	a) best. b) nicht best. c) best.
31 8722	1,192	1,825	a) 3,047 b) 3,263	3,11	28,5	$5\frac{3}{4}$ „	$8\frac{3}{4}$ „	5,5	a) best. b) „ c) „
32 8292	1,364	2,123	a) 3,133 b) 3,257	1,69	23,5	7 „	11 „	0,6	a) best. b) nicht best. c) best.
33 8283	0,995	1,691	a) 3,005 b) 3,263	4,14	30,0	$8\frac{3}{4}$ „	16 „	2,0	a) best. b) nicht best. c) best.

11	12	13	14	15	16	17	18	19	20	21	22	23
Mahlfeinheit				Festigkeit des Mörtels aus 1 Gewtl. Zement + 3 Gewtl. Normensand								
Rückstand in % auf den Sieben mit der übergeschriebenen Anzahl Maschen auf 1 qcm				Wasserzusatz	Zugproben			Druckproben			Verhältnis Druck/Zug	
					r	Zugfestigkeit kg/qcm		r	Druckfestigkeit kg/qcm			
324	600	900	5000	%	28 Tage	7 Tage	28 Tage	28 Tage	7 Tage	28 Tage	7 Tage	28 Tage
2,2	4,6	6,0	29,7	8,5	2,343	17,4	25,6	2,245	122	178	7,0	7,0
1,0	2,9	2,9	19,6	8,5	2,357	—	21,7	2,273	—	179	—	8,2
0,2	0,8	1,0	12,9	8,5	2,343	—	22,5	2,268	—	179	—	8,0
				23,0	*2,171*		*39,8*	*2,101*		*304*		*7,6*
0,2	0,4	0,6	9,4	9,0	2,329	—	23,4	2,279	—	181	—	7,7
0,0	0,4	0,6	16,4	8,75	2,386	—	25,6	2,279	—	183	—	7,1
0,0	0,2	0,4	13,2	8,50	2,357	14,5	21,8	2,286	129	184	8,9	9,4
0,8	4,0	4,0	24,0	8,75	2,271	14,5	19,9	2,225	125	188	8,6	9,4
				18,5	*2,300*	*38,3*	*52,9*	*2,206*	*302*	*472*	*7,9*	*8,9*
0,2	0,6	0,8	23,7	8,50	2,314	14,3	22,3	2,256	102	188	7,1	8,4
				21,0	*2,186*		*41,8*	*2,124*		*334*		*8,0*
0,2	0,7	0,9	9,2	9,00	2,343	—	27,4	2,285	—	192	—	7,0
0,2	1,6	1,6	21,6	8,50	2,286	15,9	23,2	2,223	147	193	9,2	8,3
0,2	1,8	1,8	14,5	9,00	2,357	—	23,2	2,276	—	195	—	8,4
0,2	1,0	1,8	17,8	9,25	2,371	—	22,4	2,276	—	196	—	8,8
0,4	1,2	2,0	21,5	8,50	2,329	17,9	25,5	2,273	155	200	8,7	7,8
0,0	1,0	1,2	20,2	8,75	2,271	15,9	23,7	2,225	157	203	9,9	8,6
				19,0	*2,259*	*46,3*	*52,2*	*2,169*	*332*	*424*	*7,2*	*8,1*
0,2	0,8	1,0	19,9	8,50	2,343	16,8	21,9	2,256	144	206	8,6	9,4
0,0	1,4	1,6	36,0	8,50	2,314	16,5	19,8	2,239	142	207	8,6	10,5
0,2	1,4	1,6	19,2	8,75	2,343	—	24,8	2,270	—	209	—	8,4

1	2	3	4	5	6	7	8	9	10
	Litergewicht		Spez. Gewicht	Glüh-	Abbindeverhältnisse				Raumbeständigkeit
Lfd. und Antragsnummer	R_f kg	R_r kg	a) lufttrocken b) geglüht	verlust %	Wasserzusatz %	Erhärtungsanfang nach	Abbindezeit	Wärmeerhöhung C^0	a) Normenprobe b) Kochprobe c) Darrprobe
34 7994	1,164	1,953	a) 3,124 b) 3,240	1,38	27,0	$2^1/_4$ Std.	10 Std.	2,0	a) best. b) „ c) „
35 8522	1,075	1,758	a) 2,912 b) 3,008	5,40	27,5	3 „	8 „	4,7	a) best. b) „ c) „
36 7822	1,239	1,977	a) 3,053 b) 3,238	2,88	26,0	$1^1/_4$ „	2 „	2,0	a) best. b) nicht best. c) best.
37 8776	1,195	1,996	a) 3,149 b) 3,226	0,58	27,0	8 „	$11^1/_2$ „	2,2	a) best. b) „ c) „
38 8171	1,182	1,906	a) 3,042 b) 3,203	3,75	26,8	4 „	$9^1/_2$ „	2,5	a) best. b) „ c) „
39 8990	1,161	1,956	a) 3,076 b) 3,231	3,15	25,5	6 „	$10^3/_4$ „	2,1	a) best. b) „ c) „
40 7641	1,192	1,925	a) 3,022 b) 3,183	4,93	25,8	7 „	$10^3/_4$ „	3,2	a) best. b) nicht best. c) best.
41 8250	1,223	2,020	a) 3,144 b) 3,268	1,73	25,5	$5^3/_4$ „	10 „	0,8	a) best. b) „ c) „
42 8486	1,255	2,020	a) 3,070 b) 3,256	2,90	25,0	$6^3/_4$ „	$10^1/_2$ „	1,4	a) best. b) „ c) „
43 8943	1,113	1,877	a) 3,081 b) 3,234	2,79	27,5	$5^1/_4$ „	$9^1/_2$ „	0,8	a) best. b) „ c) „
44 7722a	1,211	1,914	a) 3,127 b) 3,243	1,97	27,0	$4^3/_4$ „	$10^1/_2$ „	0,6	a) best. b) nicht best. c) best.
45 8631	1,266	1,974	a) 3,083 b) 3,243	2,98	24,0	$6^1/_4$ „	$10^3/_4$ „	1,4	a) best. b) „ c) „
46 8034	1,201	1,994	a) 3,083 b) 3,269	3,21	25,5	5 „	$10^1/_2$ „	0,9	a) best. b) nicht best. c) best.
47 7613	1,290	2,007	a) 3,101 b) 3,180	1,79	28,5	$8^3/_4$ „	12 „	5,0	a) best. b) „ c) „
48 8245	1,094	1,793	a) 3,093 b) 3,248	2,04	31,0	$5^1/_2$ „	$9^1/_4$ „	2,9	a) best. b) „ c) „
49 8073	1,136	1,945	a) 3,117 b) 3,293	1,99	26,0	$5^1/_2$ „	11 „	4,4	a) best. b) nicht best. c) best.
50 8378	1,083	1,820	a) 3,027 b) 3,210	3,20	29,0	5 „	9 „	1,1	a) best. b) nicht best. c) best.

11	12	13	14	15	16	17	18	19	20	21	22	23
Mahlfeinheit				Festigkeit des Mörtels aus 1 Gewtl. Zement + 3 Gewtl. Normensand								
Rückstand in % auf den Sieben mit der übergeschriebenen Anzahl Maschen auf 1 qcm				Wasserzusatz	Zugproben			Druckproben			Verhältnis Druck/Zug	
					r	Zugfestigkeit kg/qcm		r	Druckfestigkeit kg/qcm			
324	600	900	5000	%	28 Tage	7 Tage	28 Tage	28 Tage	7 Tage	28 Tage	7 Tage	28 Tage
0,2	0,7	1,2	19,0	8,75	2,371	—	21,5	2,279	—	210	—	9,8
0,4	0,8	0,8	15,6	8,50	2,329	—	24,8	2,248	—	210	—	8,5
0,2	1,0	1,6	16,6	8,50	2,357	—	22,9	2,273	—	211	—	9,2
0,4	2,0	2,2	18,1	19,0 8,25	2,257 2,357	46,7 16,8	51,0 22,1	2,214 2,273	313 145	424 215	6,7 8,6	8,3 9,7
0,2	0,6	0,8	17,9	8,50	2,357	18,8	26,1	1,268	160	215	8,5	8,2
0,2	1,0	1,2	14,6	8,50	2,300	19,2	24,6	2,234	—	216	—	8,8
0,9	1,4	1,9	16,0	18,0 8,25	2,300 2,357	40,9 16,6	53,0 22,8	2,237 2,270	358 129	538 217	8,8 7,8	10,2 9,5
0,2	1,0	1,2	23,6	8,75	2,343	—	24,5	2,265	—	217	—	8,9
0,2	1,6	1,8	25,9	8,75	2,343	18,1	23,8	2,248	133	220	7,3	9,2
0,0	0,4	0,6	13,6	20,0 8,75	2,200 2,300	47,8 18,8	48,5 25,0	2,130 2,239	325 170	384 221	6,8 9,0	7,9 8,8
0,4	0,6	0,8	17,3	20,5 8,50	2,314 2,357	44,0 17,9	42,8 22,1	2,231 2,273	 155	446 222	8,7	10,4 10,0
0,2	1,6	1,8	26,9	8,50	2,314	—	26,0	2,251	—	222	—	8,5
0,0	0,2	0,2	13,0	8,75	2,357	19,2	28,2	2,270	145	222	7,6	7,9
0,0	0,2	0,4	22,4	8,50	2,357	19,0	20,4	2,268	162	224	8,5	11,0
0,0	0,4	0,6	11,8	21,0 8,25	2,257 2,357	38,5 16,5	43,1 22,3	2,180 2,276	302 158	392 225	7,8 9,6	9,1 10,1
—	0,0	0,2	13,1	8,50	2,371	17,5	25,2	2,285	158	225	9,0	8,9
0,2	1,0	1,2	12,8	8,50	2,343	—	20,0	2,265	—	227	—	11,4

1	2	3	4	5	6	7	8	9	10
	Litergewicht		Spez. Gewicht a) luft-trocken b) geglüht	Glüh-verlust	Abbindeverhältnisse				Raum-beständigkeit
Lfd. und Antrags-nummer	R_f kg	R_r kg		%	Wasser-zusatz %	Er-härtungs-anfang nach	Abbinde-zeit	Wärme-erhöhung C°	a) Normen-probe b) Kochprobe c) Darrprobe
51 7708	1,122	1,851	a) 3,069 b) 3,225	3,66	28,0	8 Std.	$11\frac{1}{4}$ Std.	3,9	a) best. b) „ c) „
52 7573	1,217	1,961	a) 3,061 b) 3,204	3,38	28,0	40 Min.	$1\frac{3}{4}$ „	3,7	a) best. b) „ c) „
53 8292a	1,046	1,787	a) 3,078 b) 3,257	2,85	27,5	$6\frac{1}{4}$ Std.	11 „	1,3	a) best. b) nicht best. c) best.
54 8617	1,008	1,690	a) 3,028 b) 3,234	3,78	34,0	5 „	11 „	2,6	a) best. b) „ c) „
55 8345	1,140	1,889	a) 3,109 b) 3,218	2,24	27,0	$4\frac{1}{2}$ „	10 „	1,7	a) best. b) nicht best. c) best.
56 8089	1,191	1,865	a) 3,129 b) 3,245	2,14	26,5	5 „	$10\frac{1}{2}$ „	5,1	a) best. b) „ c) „
57 7636	1,127	1,938	a) 3,109 b) 3,209	2,26	25,5	5 „	9 „	0,8	a) best. b) „ c) „
58 9105	1,142	1,899	a) 3,185 b) 3,218	2,66	26,5	$6\frac{1}{4}$ „	11 „	0,9	a) best. b) „ c) „
59 8163	1,131	1,862	a) 3,093 b) 3,235	2,86	29,0	$4\frac{1}{2}$ „	9 „	0,9	a) best. b) nicht best. c) best.
60 7794	0,993	1,693	a) 3,007 b) 3,109	2,31	27,0	2 „	4 „	3,1	a) best. b) „ c) „
61 8528	1,139	1,889	a) 3,061 b) 3,209	4,67	28,0	5 „	$10\frac{1}{2}$ „	1,3	a) best. b) nicht best. c) best.
62 8373	1,079	1,821	a) 3,078 b) 3,237	3,19	27,5	$4\frac{3}{4}$ „	10 „	2,6	a) best. b) nicht best. c) best.
63 7722b	1,252	1,978	a) 3,147 b) 3,215	1,86	26,0	9 „	12 „	0,8	a) best. b) nicht best. c) best.
64 8083	1,145	1,855	a) 3,012 b) 3,255	5,38	26,5	6 „	$10\frac{1}{2}$ „	1,1	a) best. b) „ c) „
65 8981	1,154	1,925	a) 3,139 b) 3,257	1,54	29,0	16 Min.	$5\frac{1}{2}$ „	3,9	a) best b) „ c) „
66 7553	1,308	2,028	a) 3,143 b) 3,240	0,98	26,5	$6\frac{1}{4}$ Std.	$10\frac{1}{2}$ „	5,1	a) best. b) „ c) „
67 8952	1,318	2,104	a) 3,125 b) 3,218	1,92	25,0	7 „	11 „	0,7	a) best. b) „ c) „

11	12	13	14	15	16	17	18	19	20	21	22	23
Mahlfeinheit				Festigkeit des Mörtels aus 1 Gewtl. Zement $+$ 3 Gewtl. Normensand								
Rückstand in % auf den Sieben mit der übergeschriebenen Anzahl Maschen auf 1 qcm				Wasserzusatz	Zugproben			Druckproben			Verhältnis Druck/Zug	
					r	Zugfestigkeit kg/qcm		r	Druckfestigkeit kg/qcm			
324	600	900	5000	%	28 Tage	7 Tage	28 Tage	28 Tage	7 Tage	28 Tage	7 Tage	28 Tage
0,2	0,4	0,8	16,4	8,50	2,357	18,0	24,3	2,276	151	228	8,4	9,4
0,2	0,6	1,2	17,8	8,75	2,371	—	22,6	2,276	—	229	—	10,1
0,0	0,2	0,2	12,0	8,50	2,371	16,7	21,8	2,285	158	230	9,5	10,6
0,6	2,4	2,6	14,6	9,25	2,343	—	28,0	2,262	—	231	—	8,3
0,4	1,6	1,8	19,3	8,75	2,357	17,8	22,9	2,265	157	232	8,8	10,1
0,2	0,6	1,2	19,3	8,50	2,357	19,4	24,7	2,282	155	232	8,0	9,4
0,2	0,4	0,6	14,8	8,75	2,371	18,6	25,8	2,287	154	232	8,3	9,0
0,2	1,2	1,2	17,1	8,50	2,343	17,4	23,1	2,256	159	236	9,1	10,2
0,0	0,4	0,8	23,5	8,75	2,343	—	21,8	2,290	—	237	—	10,9
0,2	0,2	0,4	3,4	*20,5* 9,00	*2,243* 2,386	*39,7* 21,0	*47,7* 30,7	*2,172* 2,285	*352* 160	*485* 239	*8,9* 7,6	*10,2* 7,8
0,0	0,5	0,5	13,0	8,75	2,357	16,1	18,8	2,273	186	240	11,6	12,8
1,0	2,2	2,4	11,5	8,50	2,343	18,2	21,6	2,265	188	245	10,3	11,3
0,2	0,6	1,1	21,8	*19,0* 8,75	*2,371* 2,357	*45,3* 19,8	*52,1* 24,0	*2,268* 2,273	 171	*478* 246	 8,6	*9,2* 10,3
0,2	0,6	1,2	19,3	*18,5* 8,50	*2,257* 2,371	*44,5* 21,8	*41,3* 24,7	*2,186* 2,285	*347* 174	*457* 246	*7,8* 8,0	*11,1* 10,0
0,0	0,2	0,2	7,9	8,75	2,300	19,3	28,3	2,277	178	247	9,2	8,7
0,0	0,4	0,8	20,1	*18,5* 8,50	*2,357* 2,371	*47,9* 19,5	*56,2* 22,6	*2,245* 2,262	*360* 176	*482* 250	*7,5* 9,0	*8,6* 11,1
0,0	0,6	0,6	20,9	8,50	2,286	19,3	27,2	2,225	142	253	7,4	9,3

1	2	3	4	5	6	7	8	9	10
	Litergewicht		Spez. Gewicht	Glüh-verlust	Abbindeverhältnisse				Raum-beständigkeit
Lfd. und Antrags-nummer	R_f kg	R_r kg	a) luft-trocken b) geglüht	%	Wasser-zusatz %	Er-härtungs-anfang nach	Abbinde-zeit	Wärme-erhöhung C°	a) Normen-probe b) Kochprobe c) Darrprobe
68 8856	1,135	1,949	a) 3,128 b) 3,248	1,55	33,5	4 Min.	28 Min.	7,9	a) best. b) „ c) „
69 8292 c	1,130	1,890	a) 3,121 b) 3,265	1,87	26,5	6³/₄ Std.	10³/₄ Std.	0,9	a) best. b) „ c) „
70 7818	1,150	1,909	a) 3,009 b) 3,212	6,52	26,5	6¹/₂ „	11¹/₂ „	3,4	a) best. b) „ c) „
71 8624	1,120	1,871	a) 3,056 b) 3,253	2,80	25,0	6 Min.	14 Min.	9,1	a) best. b) nicht best. c) best.
72 7317	1,145	1,914	a) 3,128 b) 3,257	1,51	26,5	6 Std.	9 Std.	2,3	a) best. b) „ c) „
73 8874	1,034	1,741	a) 2,998 b) 3,226	5,69	29,5	7 Min.	11¹/₄ „	2,2	a) best. b) „ c) „
74 8634	1,268	2,039	a) 3,153 b) 3,262	1,72	24,5	7 Std.	11 „	1,7	a) best. b) „ c) „
75 7822 b	1,221	2,012	a) 3,062 b) 3,209	3,16	23,0	30 Min.	40 Min.	8,7	a) best. b) „ c) „
76 8656	1,323	2,026	a) 3,084 b) 3,226	2,21	23,5	7¹/₂ Std.	11 Std.	0,7	a) best. b) „ c) „
77 7866	1,125	1,908	a) 3,117 b) 3,264	1,93	29,5	5³/₄ „	9³/₄ „	0,5	a) best. b) „ c) „
78 7448	0,987	1,730	a) 3,030 b) 3,276	7,69	28,0	3 „	9¹/₄ „	1,3	a) best. b) „ c) „
79 7602	1,287	2,033	a) 3,115 b) 3,217	1,75	26,5	6 „	9 „	0,9	a) best. b) „ c) „
80 8819	1,044	1,784	a) 3,098 b) 3,275	3,04	30,0	6 „	9 „	8,6	a) best. b) „ c) „
81 7945	1,211	1,989	a) 3,126 b) 3,233	1,89	27,0	6 „	10¹/₂ „	0,3	a) best. b) „ c) „
82 7783	1,186	1,928	a) 3,111 b) 3,228	2,18	26,5	6 „	10 „	0,6	a) best. b) nicht best. c) best.
83 7617	1,161	1,962	a) 3,119 b) 3,232	1,22	27,5	6¹/₂ „	9¹/₄ „	1,4	a) best. b) „ c) „
84 9090	1,323	2,145	a) 3,135 b) 3,226	1,08	23,0	6¹/₄ „	10¹/₂ „	1,1	a) best. b) „ c) „

11	12	13	14	15	16	17	18	19	20	21	22	23
Mahlfeinheit				Festigkeit des Mörtels aus 1 Gewtl. Zement $+$ 3 Gewtl. Normensand								
Rückstand in % auf den Sieben mit der übergeschriebenen Anzahl Maschen auf 1 qcm				Wasserzusatz	Zugproben			Druckproben			Verhältnis Druck/Zug	
					r	Zugfestigkeit kg/qcm		r	Druckfestigkeit kg/qcm			
324	600	900	5000	%	28 Tage	7 Tage	28 Tage	28 Tage	7 Tage	28 Tage	7 Tage	28 Tage
0,0	0,2	0,4	10,8	*23,0*	*2,271*	*41,6*	*47,2*	*2,175*	*308*	*400*	*7,4*	*8,5*
				9,75	2,400	18,9	23,5	2,290	170	256	9,0	10,9
0,2	0,8	0,8	11,8	8,25	2,286	18,6	22,2	2,270	189	258	10,2	11,6
0,4	1,3	1,8	17,8	8,75	2,357	—	28,2	2,276	—	267	—	9,5
0,2	0,7	0,9	14,4	8,50	2,386	20,5	21,9	2,282	201	269	9,8	12,3
0,0	0,8	1,3	21,4	*18,5*	*2,357*	*61,1*	*62,5*	*2,262*	*410*	*533*	*6,7*	*8,5*
				8,50	2,371	23,0	27,3	2,273	203	270	8,8	9,9
0,0	0,2	0,2	7,1	*19,5*	*2,143*	*45,8*	*42,8*	*2,099*	*323*	*415*	*7,1*	*9,7*
				8,50	2,314	19,5	27,8	2,242	202	270	9,0	10,9
0,2	0,6	0,8	21,7	8,25	2,343	19,4	21,9	2,262	146	272	7,5	12,4
0,2	0,4	1,0	21,4	8,00	2,357	—	25,3	2,265	—	272	—	10,8
1,2	7,8	8,0	36,4	8,75	2,286	19,0	25,3	2,206	158	274	8,3	10,8
0,0	0,2	0,4	15,2	9,00	2,371	19,3	26,9	2,285	197	280	10,2	10,4
0,0	0,8	1,2	15,9	9,00	2,357	19,1	31,0	2,287	153	281	8,0	9,1
0,2	0,8	1,2	20,4	8,75	2,386	22,4	27,5	2,285	210	282	9,4	10,3
0,0	0,2	0,2	6,3	8,50	2,357	23,5	30,7	2,213	205	287	8,7	9,3
0,2	0,8	1,2	19,5	8,50	2,371	21,5	26,5	2,273	210	294	9,8	11,1
0,4	0,7	1,1	17,4	8,50	2,386	20,7	24,5	2,276	216	298	10,4	12,2
0,2	0,8	1,2	20,5	8,75	2,371	—	27,4	2,287	—	298	—	10,9
1,7	6,4	6,4	33,5	8,75	2,243	—	26,2	2,203	—	302	—	11,5

1	2	3	4	5	6	7	8	9	10
	Litergewicht		Spez. Gewicht a) luft-trocken b) geglüht	Glüh-verlust	Abbindeverhältnisse				Raum-beständigkeit
Lfd. und Antrags-nummer	R_f kg	R_r kg		$\%$	Wasser-zusatz $\%$	Er-härtungs-anfang nach	Abbinde-zeit	Wärme-erhöhung C^0	a) Normen-probe b) Kochprobe c) Darrprobe
85 9093	1,071	1,759	a) 3,071 b) 3,244	2,97	28,5	$5\tfrac{3}{4}$ Sdt.	12 Std.	1,9	a) best. b) ” c) ”
86 8907	1,326	2,112	a) 3,137 b) 3,257	1,77	23,5	$5\tfrac{1}{2}$ ”	$9\tfrac{1}{2}$ ”	1,5	a) best. b) ” c) ”
87 8357	1,231	1,997	a) 3,148 b) 3,259	1,78	25,0	$3\tfrac{1}{2}$ ”	$7\tfrac{3}{4}$ ”	2,0	a) best. b) ” c) ”
88 8628	1,204	1,945	a) 3,109 b) 3,254	2,17	26,0	$6\tfrac{1}{2}$ ”	11 ”	2,2	a) best. b) ” c) ”
89 8478	1,282	2,031	a) 3,093 b) 3,200	2,42	24,5	$7\tfrac{1}{2}$ ”	11 ”	0,6	a) best. b) ” c) ”
90 8182	1,240	2,024	a) 3,175 b) 3,252	1,70	25,0	$2\tfrac{3}{4}$ ”	$6\tfrac{3}{4}$ ”	1,3	a) best. b) ” c) ”
91 9050	1,003	1,702	a) 3,069 b) 3,218	2,78	27,0	5 ”	$9\tfrac{1}{2}$ ”	2,1	a) best. b) ” c) ”
92 8426	1,047	1,787	a) 3,070 b) 3,275	4,13	28,0	$3\tfrac{3}{4}$ ”	9 ”	0,5	a) best. b) ” c) ”
93 8484	1,220	2,030	a) 3,150 b) 3,244	3,15	22,5	$1\tfrac{3}{4}$ ”	$3\tfrac{1}{4}$ ”	3,9	a) best. b) ” c) ”
94 8490	1,060	1,789	a) 3,093 b) 3,235	3,46	28,0	4 Min.	7 Min.	14,8	a) best. b) nicht best. c) best.
95 8627	1,227	1,986	a) 3,143 b) 3,261	1,75	24,5	$6\tfrac{1}{2}$ Std.	$10\tfrac{3}{4}$ Std.	0,6	a) best. b) ” c) ”
96 8650	1,286	2,082	a) 3,141 b) 3,243	1,84	23,5	5 ”	$9\tfrac{1}{2}$ ”	2,0	a) best. b) ” c) ”
97 8211	1,167	1,918	a) 3,109 b) 2,226	2,67	25,1	$2\tfrac{1}{2}$ ”	$7\tfrac{3}{4}$ ”	1,3	a) best. b) ” c) ”
98 8435	1,221	1,969	a) 3,141 b) 3,235	1,54	27,0	5 ”	$9\tfrac{1}{2}$ ”	1,4	a) best. b) ” c) ”
99 9154	1,218	2,000	a) 3,128 b) 3,261	2,43	26,5	6 ”	11 ”	0,8	a) best. b) ” c) ”
100 9006	1,211	1,999	a) 3,127 b) 3,227	1,94	25,0	$4\tfrac{1}{2}$ ”	8 ”	0,7	a) best. b) ” c) ”

11	12	13	14	15	16	17	18	19	20	21	22	23
Mahlfeinheit				Festigkeit des Mörtels aus 1 Gewtl. Zement + 3 Gewtl. Normensand								
Rückstand in % auf den Sieben mit der übergeschriebenen Anzahl Maschen auf 1 qcm				Wasserzusatz	Zugproben			Druckproben			Verhältnis Druck/Zug	
					r	Zugfestigkeit kg/qcm		r	Druckfestigkeit kg/qcm			
324	600	900	5000	%	28 Tage	7 Tage	28 Tage	28 Tage	7 Tage	28 Tage	7 Tage	28 Tage
0,2	0,6	0,6	12,4	8,50	2,271	23,8	32,5	2,206	203	307	8,5	9,4
0,2	1,6	1,8	25,5	8,25	2,257	21,6	25,7	2,197	193	311	8,9	12,1
—	0,0	0,2	10,8	8,25	2,357	21,9	18,6	2,273	197	316	9,0	17,0
0,0	0,8	0,8	18,0	8,50	2,357	23,8	29,3	2,265	245	316	10,3	10,8
0,0	0,4	0,4	22,3	8,25	2,343	—	24,9	2,265	—	319	—	12,8
0,0	0,0	0,2	9,9	8,25	2,357	21,2	22,1	2,282	231	320	10,9	14,5
0,2	0,6	0,6	8,5	8,50	2,300	25,4	29,5	2,245	254	323	10,0	10,9
0,0	0,2	0,2	9,0	8,75	2,357	21,8	28,8	2,282	215	329	9,9	11,7
0,8	2,8	3,2	27,2	8,25	2,329	22,5	33,4	2,262	208	330	9,2	9,9
0,6	1,9	2,2	13,0	9,50	2,300	25,1	29,1	2,245	265	342	10,6	11,8
0,2	0,4	0,6	19,4	*19,0*	*2,371*	*58,3*	*65,7*	*2,282*	*557*	*741*	*9,6*	*11,3*
				8,50	2,357	22,8	30,8	2,265	220	348	9,6	11,3
0,0	0,2	0,2	17,9	*16,5*	*2,386*	*77,3*	*74,4*	*2,310*	*632*	*815*	*8,2*	*11,0*
				8,50	2,329	19,4	29,0	2,254	218	352	11,2	12,1
0,4	0,6	0,8	8,7	*18,5*	*2,343*	*67,6*	*66,7*	*2,259*	*427*	*596*	*7,1*	*10,1*
				8,50	2,371	23,4	28,7	2,290	271	356	11,6	12,4
0,0	0,2	0,2	9,9	8,25	2,343	27,0	31,2	2,265	255	367	9,4	11,8
0,2	1,8	2,0	17,7	*18,5*	*2,194*	*74,7*	*77,7*	*2,251*	*311*	*769*	*6,9*	*9,9*
				8,75	2,357	24,7	31,5	2,273	239	375	9,7	11,9
0,0	0,5	0,5	13,0	8,25	2,300	—	30,9	2,248	—	385	—	12,5

1	2	3	4	5	6	7	8	9	10
	Litergewicht		Spez. Gewicht		Abbindeverhältnisse				Raumbeständigkeit
Lfd. und Antrags-nummer	R_f	R_r	a) luft-trocken b) geglüht	Glüh-verlust	Wasser-zusatz	Er-härtungs-anfang nach	Abbinde-zeit	Wärme-erhöhung	a) Normen-probe b) Kochprobe c) Darrprobe
	kg	kg		%	%			C°	
									Belgische
1 7744	1,228	1,933	a) 3,019 b) 3,165	3,12	26,0	15 Min.	42 Min.	4,0	a) best. b) nicht best. c) „ „
2 8180	1,036	1,687	a) 2,967 b) 3,162	6,18	31,5	5½ Std.	8½ Std.	0,9	a) best. b) „ c) „
3 8999	0,980	1,603	a) 2,912 b) 3,151	6,88	36,0	3 „	13½ „	0,2	a) best. b) nicht best. c) best.
4 8423	1,204	1,921	a) 3,092 b) 3,211	4,59	25,5	5 „	10½ „	1,7	a) best. b) „ c) „
5 7735 d	1,227	1,924	a) 3,006 b) 3,182	5,92	25,0	1½ „	5 „	0,7	a) best. b) nicht best. c) best.
6 8425 b	1,050	1,738	a) 2,977 b) 3,235	6,31	32,5	6½ „	11½ „	2,7	a) best. b) „ c) „
7 8268	1,010	1,719	a) 2,925 b) 3,204	12,00	29,5	6½ „	10 „	2,4	a) best. b) „ c) „
8 8536	1,160	1,884	a) 3,000 b) 3,150	6,76	28,0	1½ „	5¾ „	1,6	a) best. b) nicht best. c) best.
9 7735 b	1,012	1,659	a) 2,888 b) 3,154	6,31	34,0	7½ „	11 „	2,2	a) best. b) nicht best. c) best.
10 8074	1,120	1,837	a) 3,008 b) 3,192	6,33	27,0	25 Min.	2 „ 10 Min.	3,7	a) best. b) nicht best. c) best.
11 8425 a	1,116	1,848	a) 3,004 b) 3,164	6,08	28,0	43 „	4 Std.	3,2	a) best. b) nicht best. c) best.
12 7735 a	1,061	1,763	a) 3,007 b) 3,207	4,40	31,5	1½ Std.	4 „	1,7	a) best. b) „ c) „
13 7735 c	1,038	1,678	a) 2,950 b) 3,178	6,23	32,5	10 „	12½ „	2,4	a) best. b) „ c) „
14 8354	1,066	1,720	a) 2,996 b) 3,197	5,38	32,5	6 „	10 „	3,7	a) best. b) „ c) „
15 7648	0,985	1,654	a) 2,906 b) 3,118	6,88	36,0	7 „	9¾ „	3,5	a) best. b) nicht best. c) best.
16 8297	1,114	1,853	a) 3,077 b) 3,175	3,08	26,5	1¼ „	4¾ „	2,1	a) best. b) nicht best. c) best.

11	12	13	14	15	16	17	18	19	20	21	22	23
Mahlfeinheit				Festigkeit des Mörtels aus 1 Gewtl. Zement $+$ 3 Gewtl. Normensand								
Rückstand in % auf den Sieben mit der übergeschriebenen Anzahl Maschen auf 1 qcm				Wasserzusatz	Zugproben			Druckproben			Verhältnis Druck/Zug	
					r	Zugfestigkeit kg/qcm		r	Druckfestigkeit kg/qcm			
324	600	900	5000	%	28 Tage	7 Tage	28 Tage	28 Tage	7 Tage	28 Tage	7 Tage	28 Tage

Zemente.

11	12	13	14	15	16	17	18	19	20	21	22	23
5,0	7,6	9,6	28,3	9,25	2,314	5,2	8,3	2,217	41	63	7,9	7,6
0,4	0,8	1,2	12,6	9,0	2,343	10,2	15,5	2,273	69	108	6,8	7,0
1,2	2,8	3,0	16,7	*25,5* / 9,0	*2,000* / 2,300	*18,6* / 10,8	*31,3* / 17,9	*1,941* / 2,223	*128* / 80	*170* / 116	*6,9* / 7,4	*5,4* / 6,5
0,4	1,0	1,2	25,2	8,5	2,343	11,5	19,2	2,254	72	122	6,3	6,4
0,8	4,0	5,8	29,8	8,75	2,314	—	16,6	2,246	—	132	—	8,0
0,4	1,8	2,0	14,8	8,75	2,343	—	19,2	2,265	—	134	—	7,0
0,6	2,4	2,6	18,4	8,75	2,343	12,0	17,8	2,265	106	136	8,8	7,6
0,6	2,2	2,4	18,4	8,5	2,357	—	16,1	2,268	—	149	—	9,3
0,2	0,4	0,8	10,1	9,0	2,357	—	16,1	2,265	—	150	—	9,3
0,6	1,6	2,0	16,8	8,5	2,357	—	17,6	2,276	—	150	—	8,5
0,4	1,2	1,2	6,3	8,5	2,357	—	21,5	2,262	—	150	—	7,0
0,2	0,6	1,0	10,6	9,0	2,357	—	19,1	2,273	—	151	—	7,9
0,2	0,6	0,9	17,4	8,75	2,343	—	17,6	2,254	—	153	—	8,7
0,2	0,8	1,0	11,0	8,75	2,371	13,3	20,1	2,285	114	155	8,6	7,7
0,0	0,2	0,2	5,1	9,0	2,357	—	18,3	2,279	—	162	—	8,9
0,2	1,2	1,2	19,4	8,5	2,343	—	17,4	2,265	—	163	—	9,4

1	2	3	4	5	6	7	8	9	10
Lfd. und Antrags-nummer	Litergewicht		Spez. Gewicht a) luft-trocken b) geglüht	Glüh-verlust %	Abbindeverhältnisse				Raum-beständigkeit a) Normen-probe b) Kochprobe c) Darrprobe
	R_f kg	R_r kg			Wasser-zusatz %	Er-härtungs-anfang nach	Abbinde-zeit	Wärme-erhöhung C^0	
17 9001	1,193	1,924	a) 2,988 b) 3,190	7,36	27,0	45 Min.	3 Std.	2,0	a) best. b) nicht best. c) best.
18 8303	1,157	1,960	a) 3,138 b) 3,259	1,90	25,5	$3\frac{1}{2}$ Std.	$8\frac{1}{2}$ „	2,4	a) best. b) „ c) „
19 7459	1,183	1,945	a) 3,125 b) 3,235	1,75	27,0	$6\frac{1}{2}$ „	11 „	1,7	a) best. b) nicht best. c) best.
20 7637	1,041	1,655	a) 2,970 b) 3,205	8,27	33,5	$9\frac{1}{4}$ „	18 „	1,4	a) best. b) „ c) „

Tabelle 2. Raumgewicht eingelaufen (R_f) und eingerüttelt (R_r).

R_f		R_r	
Grenzen	Zahl der Fälle [1]	Grenzen	Zahl der Fälle [1]
0,987	—	1,684	—
0,95—1,00	3	1,65—1,70	5
1,00—1,05	13	1,70—1,75	5
1,05—1,10	12	1,75—1,80	13
1,10—1,15	28	1,80—1,85	9
1,15—1,20	14	1,85—1,90	16
1,20—1,25	14	1,90—1,95	19
1,25—1,30	8	1,95—2,00	15
1,30—1,35	6	2,00—2,05	12
1,35—1,40	2	2,05—2,10	1
1,365	—	2,10—2,15	5
		2,178	—
Mittel: 1,162		Mittel: 1,900	

Tabelle 3. Spezifisches Gewicht luft-trocken (s_l) und nach dem Glühen (s_g).

s_l		s_g	
Grenzen	Zahl der Fälle [1]	Grenzen	Zahl der Fälle [1]
2,904	—	3,008	—
2,90—2,95	6	3,05—3,10	1
2,95—3,00	4	3,10—3,15	5
3,00—3,05	19	3,15—3,20	7
3,05—3,10	30	3,20—3,25	61
3,10—3,15	37	3,25—3,30	26
3,15—3,20	4	3,293	—
3,175	—	Mittel: 3,116	
Mittel: 3,078			

Tabelle 4. Glühverlust.

Grenzen	Zahl der Fälle [1]
0,58 %	
0,0—1,0 „	3
1,0—2,0 „	27
2,0—3,0 „	30
3,0—4,0 „	17
4,0—5,0 „	9
5,0—6,0 „	6
6,0—7,0 „	6
7,0—8,0 „	2
8,04 „	
Mittel: 3,07 %	

Tabelle 5. Wasseranspruch für Normalkonsistenz.

Grenzen	Zahl der Fälle [1]
22,5 %	
21—23 „	3
23—25 „	17
25—27 „	38
27—29 „	28
29—31 „	11
31—33 „	1
33—35 „	2
34,0 „	
Mittel: 27,0 %	

[1] Auf 100 Fälle umgerechnet.

11	12	13	14	15	16	17	18	19	20	21	22	23
Mahlfeinheit				Festigkeit des Mörtels aus 1 Gewtl. Zement + 3 Gewtl. Normensand								
Rückstand in % auf den Sieben mit der übergeschriebenen Anzahl Maschen auf 1 qcm				Wasserzusatz	Zugproben			Druckproben			Verhältnis Druck/Zug	
					r	Zugfestigkeit kg/qcm		r	Druckfestigkeit kg/qcm			
324	600	900	5000	%	28 Tage	7 Tage	28 Tage	28 Tage	7 Tage	28 Tage	7 Tage	28 Tage
0,4	2,0	2,0	22,5	8,75	2,300	12,1	16,5	2,231	106	164	8,8	9,9
0,4	2,0	2,2	26,5	8,5	2,314	14,9	20,6	2,251	123	189	8,3	9,2
0,2	0,4	0,4	12,9	8,5	2,357	—	20,5	2,273	—	221	—	10,8
0,6	1,0	1,2	18,0	8,75	2,371	18,6	25,8	2,287	154	232	8,3	9,0

Tabelle 6. Abbindeverhältnisse.

Erhärtungsanfang		Abbindezeit	
Grenzen	Zahl der Fälle [1]	Grenzen	Zahl der Fälle [1]
4 Min.		28 Min.	
0—2 Std.	15	0—2 Std.	6
2—4 „	11	2—4 „	8
4—6 „	43	4—6 „	2
6—8 „	23	6—8 „	9
8—10 „	7	8—10 „	28
10—12 „	1	10—12 „	43
11$^{1}/_{2}$ „		12—14 „	1
		14—16 „	1
		16—18 „	2
		17 „	

Tabelle 7. Mahlfeinheit.

Rückstand auf 900-Maschensieb		Rückstand auf 5000-Maschensieb	
Grenzen	Zahl der Fälle [1]	Grenzen	Zahl der Fälle [1]
0,2 %		3,4 %	
0—1 „	49	0—5 „	2
1—2 „	36	5—10 „	10
2—3 „	9	10—15 „	10
3—4 „	3	15—20 „	36
4—5 „	—	20—25 „	19
5—6 „	1	25—30 „	7
6—7 „	—	30—35 „	1
7—8 „	2	35—40 „	2
8,0 „		36,4 „	
Mittel: 1,4 %		Mittel: 17,5 %	

Tabelle 8. Zugfestigkeit des Normenmörtels.

7 Tage		28 Tage	
Grenzen	Zahl der Fälle [1]	Grenzen	Zahl der Fälle [1]
12,4 kg/qcm		16,6 kg/qcm	
10—15 „	14	15—20 „	11
15—20 „	57	20—25 „	53
20—25 „	25	25—30 „	27
25—30 „	4	30—35 „	9
27 „		33,4 „	
Mittel: 19,0 kg/qcm		Mittel: 24,5 kg/qcm	

Tabelle 9. Druckfestigkeit des Normenmörtels.

7 Tage		28 Tage	
Grenzen	Zahl der Fälle [1]	Grenzen	Zahl der Fälle [1]
90 kg/qcm		145 kg/qcm	
50—100 „	6	100—150 „	2
100—150 „	25	150—200 „	21
150—200 „	42	200—250 „	43
200—250 „	21	250—300 „	17
250—300 „	6	300—350 „	12
271 „		350—400 „	5
		395 „	
Mittel: 167 kg/qcm		Mittel: 238 kg/qcm	

[1] Auf 100 Fälle umgerechnet.

Tabelle 10. **Verhältnis Druck : Zug.**

7 Tage		28 Tage	
Grenzen	Zahl der Fälle[1]	Grenzen	Zahl der Fälle[1]
5,9		6,3	
4—6	3	6—8	17
6—8	24	8—10	44
8—10	56	10—12	28
10—12	17	12—14	9
11,6		14—16	1
Mittel: 8,2		16—18	1
		17,0	
		Mittel: 9,8	

Tabelle 11. **Häufigkeit der Abweichungen der Einzelwerte vom Mittelwerte: Verhältniszahlen der 28 Tags-Zug- und Druckfestigkeiten aller Zemente.**

Eigenschaft	Anzahl der Abweichungen der Einzelwerte vom Mittel = 100 innerhalb der übergeschriebenen Grenzen.								
	80—85	85—90	90—95	95—100	100—105	105—110	110—115	115—120	
Zugfestigkeit . .	2	28	179	360	267	123	32	3	1000
Druckfestigkeit .	12	36	96	390	352	83	27	4	1000

Tabelle 12. **Vergleich der Eigenfestigkeit mit der Mörtelfestigkeit.**
Die in der Tabelle angegebenen Zahlen sind kg/qcm.

Lfd. Nr.[2] (Nr. der Tab. 1)	Eigenfestigkeit				Mörtelfestigkeit							
	Zug		Druck		Zug				Druck			
	7 Tage	28 Tage	7 Tage	28 Tage	7 Tage	Verhältniszahl[3]	28 Tage	Verhältniszahl[3]	7 Tage	Verhältniszahl[3]	28 Tage	Verhältniszahl[3]
1 (11)	26,9	36,6	—	295	13,3	49	19,6	30	105	—	167	57
2 (20)	—	39,8	—	304	—	—	23,4	59	—	—	181	60
3 (25)	—	41,8	—	334	—	—	27,4	66	—	—	192	57
4 (43)	47,8	48,5	325	384	18,8	40	25,0	52	170	52	221	65
5 (48)	38,5	43,1	302	392	16,5	43	22,3	52	158	52	225	57
6 (68)	41,6	47,2	308	400	18,9	45	23,5	50	170	53	256	64
7 (33)	45,8	42,8	323	415	19,5	43	27,8	65	202	63	270	65
8 (4)	44,0	42,8	268	417	12,0	30	23,6	56	93	35	162	40
9 (37)	46,7	51,0	313	424	16,8	36	22,1	43	145	47	215	50
10 (30)	46,3	52,2	332	424	16,8	36	21,9	42	144	43	206	49
11 (44)	44,0	42,8	—	446	17,9	41	22,1	52	155	—	222	50
12 (64)	44,5	41,3	347	457	21,8	49	24,7	60	174	50	246	54
13 (24)	38,3	52,9	302	472	14,3	38	22,3	42	102	34	188	40
14 (63)	45,3	52,1	—	478	19,8	44	24,0	46	171	—	246	52
15 (66)	47,9	56,2	360	482	19,5	41	22,6	40	176	49	250	52
16 (60)	39,7	47,7	352	485	21,0	53	30,7	65	160	46	239	49
17 (72)	61,1	62,5	410	533	23,0	38	27,3	44	203	50	270	51
18 (40)	40,9	53,0	358	538	16,6	40	22,8	41	129	33	217	40
19 (97)	67,6	66,7	427	590	23,4	35	28,7	43	271	63	356	60
20 (95)	58,3	65,7	557	741	22,8	39	30,8	47	220	39	348	46
21 (99)	74,7	77,7	611	769	24,7	33	31,5	41	239	47	375	49
22 (96)	77,3	74,4	632	815	19,4	25	29,0	40	218	35	352	53

[1]) Auf 100 Fälle umgerechnet.

[2]) Nach steigender 28 Tags-Druckfestigkeit des reinen Zements geordnet.

[3]) Verhältniszahlen; Eigenfestigkeit der entsprechenden Altersstufen = 100.

2. Prüfung erhitzter Schamottesteine auf Druckfestigkeit.

Von Professor M. Gary, Vorsteher der Abteilung 2 für Baumaterialprüfung.

Die Prüfung der Druckfestigkeit von Schamottesteinen bei verschiedenen Hitzegraden (bis zu 1200 C°), die schon lange geplant war[1]), aber wegen der entgegenstehenden Schwierigkeiten immer wieder aufgeschoben werden mußte, ist am 12. September 1900 aus Anlaß eines bestimmten Falles von Herrn Fritz W. Lürmann erneut angeregt worden. Herr Lürmann wies auf die große Wichtigkeit dieser Prüfung für den Unterbau steinerner Winderhitzer hin, die bei 30 bis 33 m Höhe im Unterbau einem Druck von 7,5 bis 10 kg/qcm ausgesetzt sind. Ein solcher Winderhitzer enthält 956 000 kg feuerfeste Steine, die verloren sind, wenn die unteren Steine diesem Druck nicht widerstehen können. Am 8. März 1901 teilte Herr Zetzsche in Mülheim mit, daß das Bestreben, die Winderhitzer (Cowper-Apparate) immer höher zu bauen und die immer wertvoller werdenden Gichtgase möglichst auszunutzen, bereits Höhen von 35 m ergeben hat. In einem bestimmten Falle ist der Druck auf den Unterbau eines 30 m hohen Winderhitzers auf 10,5 kg/qcm berechnet worden, es sind also zweifellos bei größerer Höhe der Winderhitzer noch größere Drucke möglich. Solche Drucke setzen sehr widerstandsfähige Steine voraus, wobei darauf Rücksicht zu nehmen ist, daß Schamottesteine unter sich in ihrer Festigkeit erheblichen Schwankungen unterliegen, was genau wie bei gewöhnlichen Ziegelsteinen auf Ungleichmäßigkeit des Materials, der Pressung und des Brandes zurückzuführen ist. Aus diesem Grunde werden schon im Amt mindestens 10 Steine in jeder Reihe geprüft und in Fällen, in denen es besonders auf Zuverlässigkeit der Mittelwerte ankam, ist diese Zahl auf je 20 erhöht worden.

Ein solcher Fall lag vor, als es sich um die Gewinnung einer Grundlage für die Beurteilung der Druckfestigkeit von Schamottesteinen zum Zwecke ihrer Verwendbarkeit für Winderhitzer handelte. Damals (Ende 1900) hat das Amt alle größeren Schamottefabriken Deutschlands darauf hingewiesen, daß ein Vergleich der verschiedenen Fabrikate nur möglich sein würde, wenn diese nach einheitlichem Verfahren geprüft werden und daß ein zuverlässiges Durchschnittsergebnis nur auf Grund einer genügend großen Zahl von Einzelversuchen zu erwarten ist.

Daraufhin haben viele Fabriken je 70 Steine einer Sorte zur Prüfung eingereicht und diese Prüfung ist mit den Steinen in trockenem Zustande ausgeführt worden:

    a) an Körpern, bestehend aus zwei mit den Flachseiten durch Portlandzement aufeinander gemauerten ganzen Steinen, deren Druckflächen mit Portlandzement geebnet wurden,

    b) an einzelnen hochkant gestellten Steinen, deren Druckflächen eben geschliffen wurden.

In jeder Versuchsreihe kamen je 20 Körper zur Prüfung. Die hauptsächlichsten Ergebnisse der Druckversuche hat F. W. Lürmann bereits veröffentlicht[2]), sie bieten aber ein ausgezeichnetes Material zur Beurteilung der Zuverlässigkeit dieser Art Prüfungen, der Gleichmäßigkeit der Schamottesteine untereinander und der Möglichkeiten der Abweichungen,

---

[1]) Mitteilungen 1896, S. 80.
[2]) Stahl und Eisen 1901, S. 785.

Tabelle 1. **Prüfung feuerfester Steine**

Lau-fende Nr.	Prüfungs-Nr.	a) Zwei Steine flach aufeinander gemauert					Zahl der Versuche	Druck-festigkeit kg/qcm Mittel
		Abmessungen						
		l	b	h	$f = l \cdot b$	$\dfrac{\sqrt{f}}{h}$		
		cm			qcm			
1	2152 b	25,0	12,0	14,8	300,0	1,17	20	394
2	2188 b	25,5	12,5	14,8	318,8	1,21	20	374
3	2185 f	25,5	12,5	14,3	318,8	1,25	20	331
4	4560	23,0	11,8	13,2	271,4	1,25	10	271
5	3608 d	25,0	12,5	15,0	312,5	1,18	10	240
6	2188 c	25,0	12,0	15,4	300,0	1,12	20	226
7	2963	24,0	11,5	14,5	276,0	1,15	10	224
8	7293	22,7	11,1·	15,5	252,0	1,03	5	218
9	2188 a	25,5	12,5	15,2	318,8	1,18	20	216
10	2371 b	24,0	12,0	14,6	288,0	1,16	20	209
11	2149 d	23,5	12,0	13,0	282,0	1,29	20	205
12	2152 a	30,0	10,0	21,5	300,0	0,81	20	205
13	3608 e	25,0	12,5	15,0	312,5	1,18	10	193
14	2185 a	25,0	12,0	15,1	300,0	1,15	20	183
15	3608 b	25,0	12,5	15,0	312,5	1,18	10	178
16	2185 c	25,0	12,0	15,5	300,0	1,12	20	177
17	2194 c	25,5	12,5	15,4	318,8	1,16	20	176
18	3608 a	25,0	12,5	15,0	312,5	1,18	10	173
19	2194 b	25,0	12,5	15,0	312,5	1,18	20	168
20	2237 a	25,0	12,0	15,8	312,5	1,12	20	158
21	2149 b	23,5	11,5	13,7	270,3	1,20	20	157
22	2152 c	28,5	14,0	16,4	399,0	1,22	20	156
23	3608 f	25,0	12,5	15,0	312,5	1,18	10	153
24	3608 c	25,5	12,5	15,0	318,8	1,19	10	151
25	2168 b	25,0	12,0	15,5	300,0	1,12	20	148
26	6159 II	24,5	11,6	14,3	284,2	1,18	10	143
27	2563	22,5	11,5	13,2	258,8	1,22	20	141
28	2371 d	24,0	12,0	14,8	288,0	1,15	20	137
29	2149 e	24,5	12,0	14,5	294,0	1,18	20	131
30	6159 III	25,0	11,7	15,0	292,5	1,14	10	127
31	2371 e	24,5	11,5	15,8	282,0	1,06	20	126
32	2194 a	25,0	12,0	15,3	300,0	1,13	20	125
33	6159 I	24,4	11,7	14,4	285,5	1,17	10	108
34	2149 a	24,0	12,0	15,0	288,0	1,13	20	99
35	2237 b	25,0	12,5	15,8	312,5	1,12	20	93
36	2371 c	24,0	12,0	15,5	288,0	1,10	20	92
37	2371 a	24,5	12,0	15,5	294,0	1,10	20	88
38	2730 c	25,2	12,3	15,5	310,0	1,14	20	87
39	2185 e	25,0	12,0	15,2	300,0	1,14	20	85
40	2185 d	25,0	12,0	15,5	300,0	1,12	20	77
41	2185 b	25,0	12,0	15,3	300,0	1,13	20	77
42	2149 c	23,5	12,0	13,0	282,0	1,29	20	70
43	2151	22,5	11,0	16,4	247,5	0,96	20	69
44	2168 a	23,5	11,5	14,2	270,3	1,16	20	67
45	7254	—	—	—	—	—	—	—
46	4160 d	—	—	—	—	—	—	—
47	4160 c	—	—	—	—	—	—	—
48	4160 f	—	—	—	—	—	—	—
49	2172 d	—	—	—	—	—	—	—
50	4160 b	—	—	—	—	—	—	—
51	2172 c	—	—	—	—	—	—	—
52	4160 a	—	—	—	—	—	—	—
53	4160 e	—	—	—	—	—	—	—
54	2172 b	—	—	—	—	—	—	—
55	2172 a	—	—	—	—	—	—	—

auf Druckfestigkeit im trockenen Zustande.

b) Je ein Stein hochkant gestellt							Druckfestigkeit a − b		Des Steines		
Abmessungen					Zahl der Versuche	Druckfestigkeit kg/qcm Mittel	kg/qcm	% von a	Inhalt J = l · b · h ccm	Gewicht G kg	R = G/J kg
l	b	h	f = l · b	$\frac{\sqrt{f}}{h}$							
cm			qcm								
25,0	6,5	12,0	162,5	1,06	20	449	− 55	− 14	1950	3,750	1,92
25,5	6,5	12,2	165,8	1,06	20	290	+ 84	+ 22	2022	4,066	2,01
25,5	6,5	12,3	165,8	1,05	20	212	+ 119	+ 36	2039	4,101	2,01
23,0	6,0	11,8	138,0	0,99	10	394	− 123	− 45	1628	3,073	1,89
25,0	6,5	12,3	162,5	1,03	10	341	− 101	− 42	1999	3,749	1,88
25,0	6,5	11,7	162,5	1,09	20	381	− 155	− 69	1902	3,678	1,93
24,0	6,5	12,7	156,0	0,99	10	311	− 87	− 39	1981	3,589	1,81
—	—	—	—	—	—	—	—	—	—	—	—
25,5	6,5	12,1	165,8	1,07	20	215	+ 1	+ 0,5	2006	3,859	1,92
24,0	6,5	11,8	156,0	1,06	20	250	− 41	− 20	1841	3,457	1,88
23,5	6,0	11,7	141,0	1,02	20	241	− 36	− 18	1650	3,055	1,85
30,0	10,0	9,9	300,0	1,75	20	221	− 16	− 8	2970	5,400	1,82
25,0	6,5	12,4	162,5	1,03	10	278	− 85	− 44	2015	3,770	1,87
25,0	6,5	11,9	162,5	1,07	20	226	− 43	− 23	1934	3,712	1,92
25,0	6,5	12,3	162,5	1,03	10	207	− 29	− 16	1999	3,720	1,86
25,0	6,5	12,0	162,5	1,06	20	249	− 72	− 41	1950	3,755	1,93
25,5	6,5	12,3	165,8	1,05	20	200	− 24	− 14	2039	3,939	1,93
25,0	6,5	12,5	162,5	1,02	10	221	− 48	− 28	2032	3,745	1,84
25,0	6,5	12,3	162,5	1,03	20	188	− 20	− 12	1999	3,773	1,89
25,0	7,0	12,1	175,0	1,09	20	236	− 78	− 49	2118	3,872	1,83
23,5	6,0	11,3	141,0	1,05	20	202	− 45	− 29	1593	2,836	1,78
28,5	7,0	13,9	199,5	1,02	20	256	− 100	− 64	2773	5,082	1,86
25,0	6,5	12,4	162,5	1,03	10	226	− 73	− 48	2015	3,726	1,85
25,5	6,5	12,5	165,8	1,03	10	196	− 45	− 30	2072	4,043	1,95
25,0	6,5	11,8	162,5	1,08	20	186	− 38	− 26	1918	3,718	1,94
24,5	6,6	11,4	161,7	1,12	10	224	− 81	− 57	1843	3,442	1,87
22,5	5,5	11,2	123,8	0,99	20	209	− 68	− 48	1386	2,837	2,05
24,0	6,5	11,8	156,0	1,06	20	177	− 40	− 29	1841	3,408	1,85
24,5	6,5	11,8	159,3	1,07	20	172	− 41	− 31	1879	3,659	1,95
25,0	6,7	11,5	167,5	1,12	10	262	− 135	− 106	1868	3,542	1,90
24,5	7,0	11,4	171,5	1,15	20	204	− 78	− 62	1955	3,618	1,85
25,0	6,5	11,7	162,5	1,09	20	115	+ 10	+ 8	1902	3,667	1,93
24,0	6,4	11,4	153,6	1,09	10	161	− 53	− 49	1752	3,289	1,88
24,0	6,5	11,6	156,0	1,08	20	163	− 64	− 65	1809	3,192	1,76
25,0	7,0	12,5	175,0	1,06	20	141	− 48	− 52	2188	3,995	1,83
24,0	7,0	11,7	168,0	1,11	20	127	− 35	− 38	1965	3,700	1,88
24,5	6,5	11,8	159,3	1,07	20	127	− 39	− 44	1879	3,277	1,74
25,2	6,7	13,0	168,8	1,00	20	84	+ 3	+ 3	2196	3,887	1,77
25,0	6,5	11,8	162,5	1,08	20	121	− 36	− 42	1918	3,474	1,81
25,0	6,5	11,8	162,5	1,08	20	99	− 22	− 29	1918	3,410	1,78
25,0	6,5	11,9	162,5	1,07	20	92	− 15	− 19	1934	3,511	1,82
23,5	6,0	11,3	141,0	1,05	20	95	− 25	− 36	1593	2,947	1,85
—	—	—	—	—	—	—	—	—	—	3,359	—
23,5	6,0	11,4	141,0	1,05	20	97	− 30	− 45	1607	3,034	1,89
22,8	7,1	10,8	161,9	1,18	10	288	—	—	1748	3,367	1,93
25,0	6,5	12,0	162,5	1,06	10	278	—	—	1950	3,696	1,89
25,5	6,5	12,4	165,8	1,04	10	262	—	—	2056	4,002	1,95
24,6	6,7	11,5	164,8	1,11	10	243	—	—	1896	3,799	2,00
25,0	6,5	12,3	162,5	1,03	20	241	—	—	1999	3,744	1,87
25,3	6,6	12,4	167,0	1,04	10	234	—	—	2071	3,855	1,86
25,0	6,5	12,1	162,5	1,05	20	232	—	—	1966	3,721	1,89
25,0	6,5	12,0	162,5	1,06	10	220	—	—	1950	3,572	1,83
25,8	6,8	12,5	175,4	1,06	10	205	—	—	2193	4,284	1,95
25,0	6,5	12,0	162,5	1,06	20	168	—	—	1950	3,589	1,84
25,0	6,5	12,0	162,5	1,06	20	149	—	—	1950	3,486	1,79

Tabelle 1a. **Verhältniszahlen zum Mittelwert = 100**

a) Zwei Steine flach

	A	B	C	D	E	B	A	F	B	G	G	A	E	C	E	C	H	E	H	J	G	A	E	E	K	L
Lfde. Nr.	1	2	3	4	5	6	7	8	9	10	11	12	13	14	15	16	17	18	19	20	21	22	23	24	25	26
Mittelwert σ_B = kg/qcm	394	374	331	271	240	226	224	218	216	209	205	205	193	183	178	177	176	173	168	158	157	156	153	151	148	143
1	114	113	114	111	107	114	123	105	118	110	114	118	106	112	115	105	124	110	127	106	111	138	117	112	137	120
2	112	108	110	108	104	111	122	100	113	108	112	115	105	110	113	104	120	109	117	105	110	111	103	111	130	105
3	108	107	106	108	103	109	104	100	113	107	112	109	104	109	110	103	117	103	114	103	110	111	100	102	117	104
4	107	105	105	106	103	108	102	98	111	106	111	107	101	108	105	102	111	101	113	103	110	109	100	100	115	103
5	107	104	105	103	103	105	97	96	111	104	109	107	100	106	105	102	108	100	111	103	108	107	99	100	113	101
6	104	103	105	102	101	104	95	—	110	104	107	106	100	103	104	102	107	100	109	101	106	107	97	98	113	100
7	104	103	103	97	101	104	92	—	108	103	104	106	97	103	99	102	107	98	106	101	105	107	97	98	111	100
8	104	103	103	97	101	103	90	—	106	100	102	105	97	103	93	102	106	97	104	100	104	104	97	93	105	97
9	104	102	102	84	99	103	90	—	103	100	102	105	95	102	85	102	100	95	103	100	103	104	96	93	98	93
10	103	101	99	84	79	101	86	—	102	99	100	105	94	102	71	101	98	87	102	100	101	101	92	91	96	76
11	99	100	99	—	—	101	—	—	100	98	100	102	—	99	—	100	95	—	97	99	100	99	—	—	96	—
12	97	100	99	—	—	99	—	—	95	98	98	96	—	97	—	100	94	—	97	99	98	99	—	—	94	—
13	97	97	99	—	—	98	—	—	91	98	97	95	—	96	—	99	93	—	96	99	98	95	—	—	89	—
14	96	97	96	—	—	97	—	—	90	98	96	95	—	95	—	99	91	—	94	98	97	93	—	—	88	—
15	96	97	96	—	—	95	—	—	90	97	95	94	—	95	—	98	91	—	93	98	97	93	—	—	87	—
16	96	96	95	—	—	94	—	—	89	96	93	93	—	94	—	98	89	—	92	98	95	92	—	—	85	—
17	90	95	94	—	—	92	—	—	88	96	89	93	—	93	—	97	89	—	84	98	92	90	—	—	85	—
18	90	94	92	—	—	90	—	—	88	94	89	93	—	91	—	97	87	—	84	98	90	86	—	—	83	—
19	86	93	90	—	—	90	—	—	88	94	86	79	—	91	—	95	85	—	80	97	84	79	—	—	80	—
20	85	80	88	—	—	85	—	—	87	88	84	76	—	91	—	94	79	—	79	96	84	75	—	—	79	—

b) Je ein Stein

	A	B	C	D	E	B	A	F	B	G	G	A	E	C	E	C	H	E	H	J	G	A	E	E	K	L
Mittelwert σ_B = kg/qcm	449	290	212	394	341	381	311	—	215	250	241	221	278	226	207	249	200	221	188	236	202	256	226	196	186	224
1	119	145	131	112	115	135	122	—	114	134	122	118	113	133	121	118	138	110	120	111	133	118	114	117	193	126
2	116	143	114	108	114	113	113	—	109	116	112	113	108	122	118	114	135	107	114	106	119	118	109	114	150	124
3	116	138	112	105	101	111	101	—	107	111	112	109	108	118	110	114	126	106	114	106	117	111	103	114	146	121
4	112	109	111	104	100	108	101	—	106	111	112	103	105	112	105	113	125	104	112	105	117	110	102	105	138	113
5	111	106	111	103	97	106	101	—	106	110	109	102	104	112	103	110	115	103	110	105	114	107	102	99	135	109
6	109	104	109	103	97	104	98	—	106	110	104	102	103	106	98	109	113	100	107	105	109	105	98	96	125	87
7	108	100	109	101	95	103	98	—	103	106	104	102	102	106	97	108	105	98	107	104	105	103	98	96	114	87
8	108	99	104	92	94	102	89	—	102	105	104	102	96	104	93	107	104	95	106	104	104	103	94	89	109	82
9	103	93	102	91	94	101	88	—	102	105	103	102	86	102	90	103	98	89	104	104	103	102	94	88	109	77
10	103	93	102	83	93	100	86	—	102	104	103	101	75	100	65	98	95	88	101	103	103	102	85	80	105	73
11	99	92	98	—	—	98	—	—	100	101	101	99	—	100	—	97	93	—	101	103	100	102	—	—	86	—
12	98	91	97	—	—	96	—	—	100	100	100	99	—	98	—	95	92	—	98	100	100	99	—	—	76	—
13	96	91	92	—	—	96	—	—	99	98	100	98	—	98	—	93	92	—	98	100	98	99	—	—	73	—
14	95	89	89	—	—	95	—	—	98	94	98	98	—	93	—	93	92	—	96	98	89	97	—	—	73	—
15	95	88	88	—	—	92	—	—	95	93	97	97	—	92	—	91	83	—	91	98	89	97	—	—	73	—
16	86	86	88	—	—	92	—	—	93	89	93	96	—	89	—	91	81	—	91	98	84	93	—	—	66	—
17	83	85	85	—	—	90	—	—	92	88	93	94	—	89	—	91	81	—	91	94	84	89	—	—	58	—
18	82	83	85	—	—	89	—	—	91	83	87	93	—	84	—	90	80	—	85	93	81	86	—	—	56	—
19	82	83	84	—	—	87	—	—	88	78	76	89	—	72	—	88	78	—	83	85	72	80	—	—	56	—
20	78	82	80	—	—	82	—	—	87	64	71	86	—	70	—	77	78	—	73	77	68	80	—	—	50	—
Verhältnis $\frac{a}{b} \cdot 100$	88	129	156	69	70	59	72	—	100	84	85	93	70	81	86	71	88	78	89	67	78	61	68	77	80	64

Die übergedruckten großen Buchstaben deuten an,

bei der Prüfung feuerfester Steine auf Druckfestigkeit (Tab. 1).

aufeinander gemauert.

M 27	G 28	G 29	L 30	G 31	H 32	L 33	G 34	J 35	G 36	G 37	N 38	C 39	C 40	C 41	G 42	J 43	K 44	F 45	A 46	A 47	A 48	P 49	A 50	P 51	A 52	A 53	P 54	P 55
141	**137**	**131**	**127**	**126**	**125**	**108**	**99**	**93**	**92**	**88**	**87**	**85**	**77**	**77**	**70**	**69**	**67**	—	—	—	—	—	—	—	—	—	—	—
116	117	119	114	115	159	113	112	108	121	116	115	107	112	119	119	125	122	—	—	—	—	—	—	—	—	—	—	—
114	111	117	109	114	124	111	111	106	113	114	115	107	108	112	111	125	122	—	—	—	—	—	—	—	—	—	—	—
112	110	110	108	112	118	108	111	104	108	110	109	105	106	110	111	119	114	—	—	—	—	—	—	—	—	—	—	—
110	110	108	108	111	115	103	109	104	108	108	106	105	106	108	109	117	114	—	—	—	—	—	—	—	—	—	—	—
105	110	105	106	111	109	102	107	104	104	108	106	103	106	106	109	114	111	—	—	—	—	—	—	—	—	—	—	—
103	109	105	98	108	109	100	107	104	104	106	104	103	106	106	106	111	105	—	—	—	—	—	—	—	—	—	—	—
102	106	104	94	108	109	97	105	104	102	103	102	101	104	106	106	111	105	—	—	—	—	—	—	—	—	—	—	—
99	106	100	93	107	106	96	104	103	100	103	102	101	102	106	106	108	103	—	—	—	—	—	—	—	—	—	—	—
99	104	100	89	106	103	85	104	103	100	103	102	101	102	100	101	102	100	—	—	—	—	—	—	—	—	—	—	—
98	104	99	78	102	98	85	102	101	100	101	100	99	100	100	101	96	100	—	—	—	—	—	—	—	—	—	—	—
98	100	99	—	97	97	—	102	99	99	99	100	99	100	97	98	96	100	—	—	—	—	—	—	—	—	—	—	—
98	100	97	—	93	97	—	97	99	97	97	100	99	100	97	98	96	94	—	—	—	—	—	—	—	—	—	—	—
96	100	97	—	92	95	—	97	99	97	97	98	99	97	95	96	94	94	—	—	—	—	—	—	—	—	—	—	—
96	97	93	—	92	93	—	97	99	95	97	97	99	97	95	93	91	92	—	—	—	—	—	—	—	—	—	—	—
96	95	93	—	91	85	—	95	96	95	93	95	99	97	93	93	85	92	—	—	—	—	—	—	—	—	—	—	—
96	88	93	—	91	82	—	93	96	95	91	95	97	97	91	91	83	89	—	—	—	—	—	—	—	—	—	—	—
94	88	93	—	89	81	—	90	94	95	91	93	95	93	91	91	83	86	—	—	—	—	—	—	—	—	—	—	—
90	86	92	—	89	80	—	90	94	93	88	93	94	91	91	88	83	86	—	—	—	—	—	—	—	—	—	—	—
89	81	90	—	87	73	—	90	94	89	88	91	92	91	89	88	83	86	—	—	—	—	—	—	—	—	—	—	—
88	77	86	—	85	69	—	81	91	86	88	86	92	89	87	86	80	84	—	—	—	—	—	—	—	—	—	—	—

hochkant gestellt.

M 27	G 28	G 29	L 30	G 31	H 32	L 33	G 34	J 35	G 36	G 37	N 38	C 39	C 40	C 41	G 42	J 43	K 44	F 45	A 46	A 47	A 48	P 49	A 50	P 51	A 52	A 53	P 54	P 55
209	**177**	**172**	**262**	**204**	**115**	**161**	**163**	**141**	**127**	**127**	**84**	**121**	**99**	**92**	**95**	—	**97**	**288**	**278**	**262**	**243**	**241**	**234**	**232**	**220**	**205**	**168**	**149**
120	133	122	157	124	154	113	118	111	142	120	126	131	123	137	116	—	175	116	119	118	130	131	134	149	128	136	126	126
111	126	120	113	121	149	113	114	111	122	117	119	116	111	127	116	—	139	114	107	109	112	124	113	138	125	134	124	124
111	122	116	112	117	144	109	114	111	113	113	112	111	111	120	113	—	131	113	105	106	107	119	109	121	113	124	115	111
108	120	107	105	116	133	103	110	109	111	108	109	109	108	117	113	—	131	105	105	104	106	117	105	115	100	106	115	111
107	113	107	96	110	123	101	106	107	108	107	109	109	105	113	113	—	124	100	104	103	105	113	104	109	96	104	113	111
106	110	107	93	110	123	98	104	105	104	105	109	106	105	110	109	—	121	99	103	100	92	112	99	107	95	89	108	105
106	105	106	90	109	115	93	104	101	102	104	98	104	102	110	106	—	110	99	95	96	91	110	93	103	93	83	108	105
105	105	106	85	109	109	93	104	101	99	104	98	104	102	110	106	—	97	97	93	92	89	110	88	100	91	77	104	103
103	103	104	80	100	93	91	102	101	99	104	98	99	102	107	102	—	90	80	89	91	86	109	85	97	83	75	104	97
99	99	102	69	96	93	87	102	99	97	102	98	99	102	104	102	—	90	79	82	80	82	103	70	96	77	72	102	95
99	98	102	—	96	91	—	100	99	95	99	95	96	100	98	102	—	90	—	—	—	—	97	—	96	—	—	98	95
97	96	100	—	95	91	—	98	97	95	99	95	94	100	98	99	—	86	—	—	—	—	95	—	92	—	—	95	95
95	96	98	—	94	86	—	94	97	95	99	95	94	100	91	92	—	86	—	—	—	—	94	—	92	—	—	95	95
95	91	96	—	92	83	—	94	95	93	94	95	91	97	91	92	—	83	—	—	—	—	90	—	91	—	—	95	95
92	91	95	—	91	78	—	94	95	93	93	95	89	97	88	92	—	83	—	—	—	—	89	—	90	—	—	93	93
92	85	89	—	91	78	—	94	93	90	90	91	89	91	79	88	—	79	—	—	—	—	89	—	90	—	—	89	91
89	85	87	—	91	71	—	92	93	90	88	91	89	91	79	88	—	79	—	—	—	—	85	—	88	—	—	88	91
89	80	86	—	83	66	—	90	93	86	88	91	86	88	76	88	—	72	—	—	—	—	79	—	86	—	—	86	91
88	78	77	—	80	63	—	84	91	83	85	91	86	82	72	85	—	69	—	—	—	—	74	—	72	—	—	73	87
87	66	73	—	76	58	—	82	89	83	78	85	86	82	72	81	—	66	—	—	—	—	60	—	70	—	—	71	81
67	77	76	49	62	109	67	61	66	72	69	104	70	78	84	74	—	69	—	—	—	—	—	—	—	—	—	—	—

welche Steine aus ein und derselben Fabrik stammen.

4*

die bei Prüfungen verschiedener Art an den Eigenschaften gleichartigen Materials beobachtet werden können.

In Tab. 1 sind die Ergebnisse der Prüfungen von 55 Sorten feuerfester Steine übersichtlich zusammengestellt, wobei sie nach der Druckfestigkeit der aus je zwei flach aufeinander gemauerten Steinen hergestellten Druckkörper fallend geordnet sind.

Auf die Wiedergabe aller Einzelwerte ist verzichtet, um die Tabelle übersichtlicher zu gestalten. Dagegen sind in Tab. 1a die Verhältniszahlen, bezogen auf jeden Mittelwert = 100 fallend geordnet zusammengestellt.

Um einen Überblick über den Wert der Körperform für solche Versuche zu geben, sind in Tab. 1 auch die Abmessungen der Versuchskörper a bezw. der Steine b und das Verhältnis der gedrückten Fläche zur Höhe aufgeführt. Dabei darf nicht unberücksichtigt bleiben, daß außer der Querschnittsfläche für den Vergleich an Prismen unähnlicher Querschnittsformen nach Bauschinger auch der Umfang der Querschnittsflächen zu berücksichtigen ist[1]). Das Eingehen auf diese Verhältnisse würde zu weit führen, die Tatsache sei deshalb nur erwähnt.

Tab. 1 enthält schließlich noch die Differenzen der Druckfestigkeiten nach beiden Versuchsarten a—b in Prozent der Festigkeiten von a sowie Inhalt, Gewicht und Raumgewicht jedes Steines.

Man erkennt aus der Tabelle, daß die Festigkeit nicht proportional dem Raumgewicht ist. Z. B. haben Steine mit dem höchsten Raumgewicht 2,0 an mittleren Druckfestigkeiten ergeben:

$$\text{nach Verfahren a} \quad 374 \quad 331 \quad 141 \quad — \quad \text{kg/qcm}$$
$$\text{„} \quad\quad \text{„} \quad \text{b} \quad 290 \quad 212 \quad 209 \quad 243 \quad \text{„}$$

also keineswegs übereinstimmend die höchsten Festigkeiten, was bei der Verschiedenheit der Zusammensetzung der feuerfesten Steine nicht überraschen kann.

Um festzustellen, inwieweit die einzelnen Fabriken, die in der Tab. 1a mit A bis P bezeichnet sind, gleichartige Erzeugnisse liefern, sind für die Fabriken A, B, C, E, G, H, N und L, für welche eine genügende Zahl Einzelversuche vorlag, an Hand der Verhältniszahlen die Häufigkeitskurven aufgetragen worden (Abb. 1 bis 8). Es zeigt sich, daß die Fabrik E die gleichmäßigsten Erzeugnisse liefert, N und L die ungleichmäßigsten.

Die Verschiedenheit in Form, Gewicht, Festigkeit dieser durchweg dem Handel entstammenden, also handelsüblichen feuerfesten Steine ist bemerkenswert. Die Länge der Steine schwankt zwischen 30,0 und 22,5 cm, ihre Breite zwischen 13,9 und 9,9 cm, ihre Dicke zwischen 10,0 und 5,5 cm. Die meisten Steine halten allerdings das Ziegel-Normalmaß annähernd inne.

Die Gewichte schwanken zwischen 5,400 und 2,836 kg, die Raumgewichte zwischen 2,05 und 1,74, denn auch Dichtigkeitsgrad und Zusammensetzung der Steine sind sehr verschieden. Leider ist der Dichtigkeitsgrad nicht direkt bestimmt worden.

Auffallende Ergebnisse haben die Festigkeitsversuche geliefert insofern, als die Körper mit $\frac{\sqrt{f}}{l} > 1$ in 38 von 42 Versuchsreihen kleinere Festigkeiten geliefert haben, als die Körper aus gleichem Material mit $\frac{\sqrt{f}}{l} < 1$. Das erklärt sich nicht ohne weiteres aus den verschiedenen Undichtigkeitsgraden der Körper, hat also wohl seinen Grund in Spannungserscheinungen der Oberflächen, die auf das Herstellungsverfahren zurückzuführen sind.

---

[1]) Vergl. Martens, Materialienkunde S. 111.

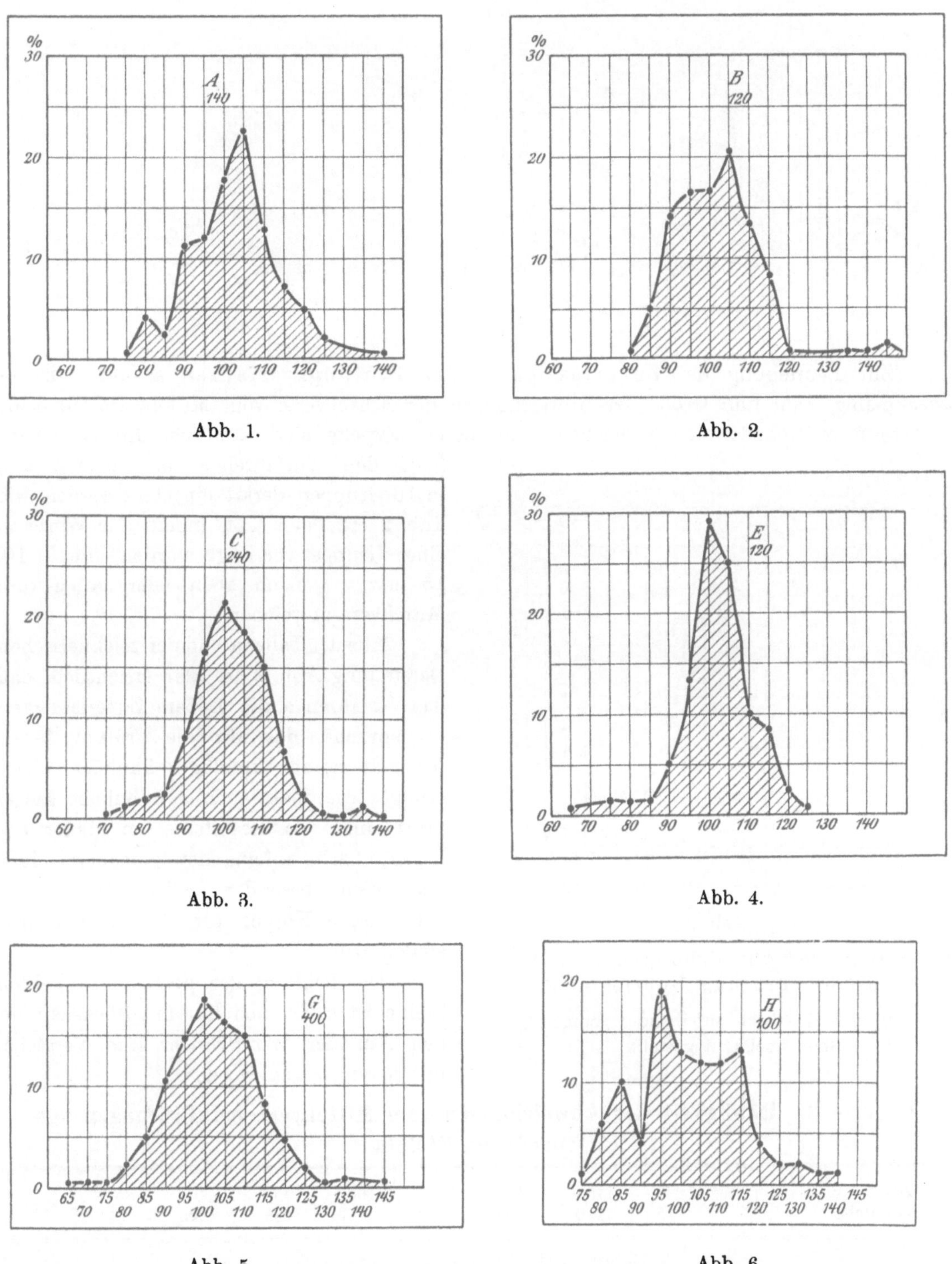

Abb. 1.

Abb. 2.

Abb. 3.

Abb. 4.

Abb. 5.

Abb. 6.

Es soll deshalb durch besondere Versuchsreihen festgestellt werden, wie etwa das Ein-
schlagen von Hand, das Abschneiden vom Strang, das Nachpressen und vielleicht auch das
Brennen die Festigkeitseigenschaften von Schamottesteinen gleicher Masse beeinflußt.

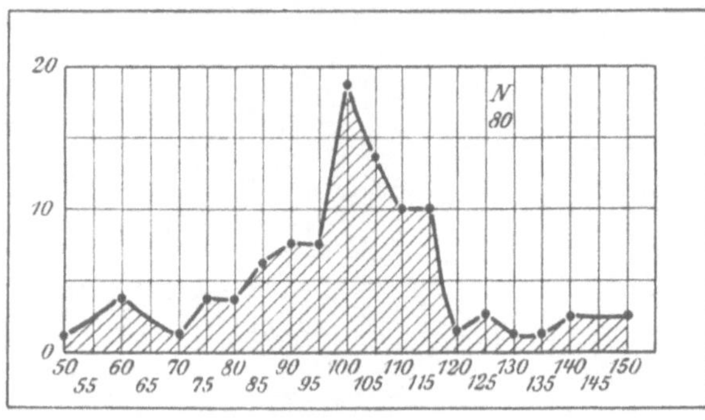

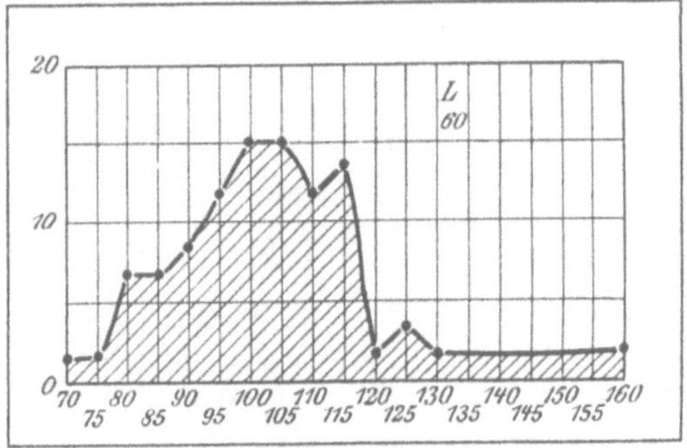

Abb. 7.   Abb. 8.

Zur Beurteilung der Zuverlässigkeit der Prüfungsverfahren a und b ist es zweckmäßig, Zahl und Größe der Abweichungen der Einzelwerte vom Mittelwerte für beide Verfahren miteinander zu vergleichen. Zu diesem Zwecke sind sämtliche Einzelversuche (nach dem Verfahren a 755, nach b 880) in 10 Gruppen derart eingeteilt worden, wie Tab. 2 erkennen läßt, indem alle Werte in einer Gruppe vereinigt wurden, die 5, 10, 15 usw. % nach oben oder unten vom Mittelwert abweichen.

Aus der Tabelle und der zeichnerischen Darstellung Abb. 9 ist klar ersichtlich, daß das Verfahren a die größere Zuverlässigkeit beansprucht, daß also die Prüfung feuerfester Steine zweckmäßig in ähnlicher Weise erfolgt, wie man auch gewöhnliche Ziegel prüft, und wie die Steine im Mauerwerk liegen, flach aufeinander gemauert, falls man nicht besondere würfelförmige oder zylindrische Körper für die Prüfung herstellen will.

Die Prüfung der hochkant gestellten Steine ist s. Z. auch nur mit Rücksicht auf den Bau der Winderhitzer zum Vergleich mit herangezogen worden.

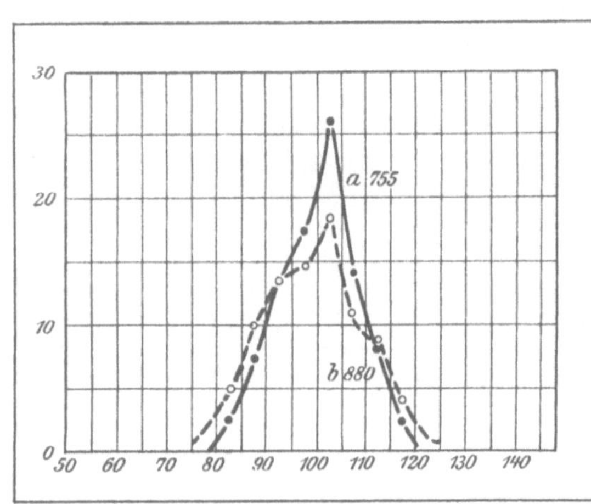

Abb. 9.

Häufigkeit der Abweichungen vom Mittelwert bei der Prüfung feuerfester Steine.

a) 2 Steine flach aufeinander gemauert,
b) 1 Stein hochkant gestellt.

Tabelle 2. **Häufigkeit der Abweichungen vom Mittelwert bei Prüfungen von feuerfesten Steinen.**

Zahl der Versuche	> 120	120—115	115—110	110—105	105—100	100—95	95—90	90—85	85—80	< 80
Verfahren a (je 2 Steine flach aufeinander)										
Σ	755	15	18	62	104	192	168	103	57	22	14
%	100	2,0	2,4	8,2	13,8	25,4	22,3	13,6	7,5	2,9	2,0
Verfahren b (je 1 Stein hochkant)										
Σ	880	67	35	77	97	162	130	119	85	45	63
%	100	7,6	4,0	8,7	11,0	18,4	14,8	13,5	9,7	5,1	7,2

Die Gleichmäßigkeit der Steine jeder Reihe inbezug auf Druckfestigkeit läßt viel zu wünschen übrig, wie die Betrachtung der Tab. 1a und der Kurve b in Abb. 9 erkennen läßt. **Die gleichzeitige Prüfung einer möglichst großen Zahl Steine einer Lieferung ist deshalb notwendig, wenn man zu einwandfreien, vergleichbaren Mittelwerten gelangen will.**

Schließlich fordert der Einfluß des Prüfungsverfahrens insofern Beachtung, als dieser Einfluß sich bei verschiedenen Steinsorten verschieden äußert, wie bereits erwähnt wurde.

Prüfung erhitzter Proben.

Die Prüfung feuerfester Steine auf Druckfestigkeit unter gleichzeitiger starker Erhitzung begegnet naturgemäß erheblich größeren Schwierigkeiten als die Prüfung trockener, kühler Steine. Für erstere wäre, wenn man die Originalgröße der Steine hätte beibehalten wollen, ein umfangreicher und kostspieliger Apparat notwendig geworden, so daß zunächst versucht wurde, mit Hülfe eines kleinen elektrischen Ofens die Erhitzung kleiner, aus den Originalsteinen herausgeschnittener Proben durchzuführen und den Ofen so einzurichten, daß die Druckprüfung während der Erhitzung durchgeführt werden kann.

Zur Erlangung geeigneter Versuchskörper wurde eine Diamantbohrmaschine benutzt, die das Herausbohren kleiner Zylinder von 5 cm Durchmesser und 5 cm Höhe aus feuerfesten Steinen oder Platten leicht gestattet.

Es blieb dann zu ermitteln:

1. Die Druckfestigkeit dieser Zylinder im erhitzten Zustande;
2. „ „ „ „ trocken und kalt;
3. Die Beziehungen zwischen der Druckfestigkeit der kalten Zylinder zu der in der üblichen Weise an größeren (parallelepipedischen) Körpern festgestellten Druckfestigkeit.

Vor den Versuchen unter 1. war indessen der gesamte Apparat zu erproben und die Wärmeleitungsfähigkeit der Schamottekörper festzustellen.

1. Vorversuch.

Für die Versuche auf Druckfestigkeit von Schamottekörpern während der Erhitzung war ein elektrischer Ofen von Heraeus-Hanau in Aussicht genommen. Zur Verfügung stand Gleichstrom von 220 Volt Spannung. Der zu den ersten Vorversuchen benutzte Ofen (A) war ein gewöhnlicher Röhrenofen mit Heizrohr aus schwer schmelzbarer Marquardtscher Masse, der Erwärmung des Schamottekörpers auf 1200 C⁰ zuließ. Die Schamottekörper wurden aus Platten von 6 cm Höhe mit Diamantbohrern herausgebohrt und auf beiden Endflächen mit Karborundumscheiben bis auf 5 cm Höhe senkrecht zur Achse parallel und eben abgeschliffen. Ein solcher Körper wurde in der Mitte angebohrt, um ein Pyrometer nach Le Chatelier aufnehmen zu können. Ein zweites Pyrometer wurde zwischen Körper und Ofenwandung eingeführt und die Dichtung des Ofens mit Asbest bewirkt. Der angebohrte Körper stand zwischen zwei anderen gleicher Art senkrecht in dem ebenfalls aufrecht stehenden Ofen, der auf einer geschliffenen Klinkerplatte ruhte und oben durch eine eben solche Platte abgeschlossen wurde. Diese Platten waren zur Aufnahme von Thermometern angebohrt, um die Höhe der auf die Preßplatten übertragenen Wärme festzustellen. Die ersten mit diesem Ofen angestellten Versuche über die Wärmesteigerung bei anfangs 10 Amp. Stromstärke enthält Tab. 3.

Tabelle 3. **Vorversuche über die Geschwindigkeit der Erwärmung des Ofens A und seiner wichtigsten Teile.**

| Datum des Versuchs | Versuchs-dauer | Stromstärke | Wärme C° | | | Untere Eisenplatte |
| | | | des Ofen-innern | der Klinkerplatte | | |
	Min.	Amp.		unten	oben	
9. XI. 06 {	0	12	0	—	—	—
	28	9	840	handwarm	—	kalt
7. I. 07	35	9	900	35	40	—
10. XI. 06	40	9	1000	—	60	—
9. XI. 06 {	53	8	1120	heiß [1])	—	lauwarm
	68	7	1200	„	—	„
7. I. 07	70	7	1200	60	65	—

Die Versuche erwiesen, daß die Einrichtung für den beregten Zweck brauchbar war. Es wurde nun ein zweiter Ofen B mit möglichst kräftiger Heizbewickelung beschafft, der in seiner Größe so bemessen wurde, daß er sich in die Maschine 50 (5 t Presse) der Abteilung bequem einbauen ließ. Mit diesem Ofen wurden weitere Vorversuche angestellt.

2. und 3. Vorversuch.

Die Einrichtung wurde so getroffen, wie in Abb. 10 dargestellt ist. Über die untere Preßplatte P der Maschine kommt eine Scheibe Asbestpappe, auf diese eine geschliffene Klinkerplatte und darüber wieder eine Asbestpappe, die dem Ofen B als Unterlage dient. In das Ofeninnere werden zentrisch eingebaut: ein Porzellanzylinder von 75 mm Höhe, der den zu prüfenden Schamottekörper trägt und über diesem ein zweiter Porzellanzylinder von 90 mm Höhe, der wieder mit einem Asbestplättchen und dem Kugellager abgedeckt ist. Zwischen Kugellager und obere Preßplatte der Maschine wird nochmals eine Asbestplatte zur Wärmeisolierung gelegt. Um die strahlende Wärme des Ofens nach oben möglichst zu mildern, wurde der obere Preßzylinder mit Asbestschnur umwickelt und durch eine Asbestplatte durchgeführt.

Damit bei der Zerstörung des Schamottezylinders keine abfallenden Steinkörnchen mit den inneren Ofenwandungen in Berührung kommen und diese anschmelzen können, ist ein Hohlzylinder R aus dünnem Platindrahtgewebe über den Körper geschoben, der von einem Ring aus Platinblech getragen wird. Auf diesem Blech sammeln sich etwa abfallende Splitter.

Durch den Vorversuch II und III sollte nun zunächst der Ofen B und seine Aufstellung in ihrer Wirkung studiert, und festgestellt werden, ob etwa die strahlende Wärme während des Versuches die Wirkung der Maschine beeinträchtigt.

An Stelle des oberen Druckzylinders wurden zwei Pyrometer, das eine in den Schamottekörper, das andere zwischen Körper und Ofenwand eingeführt und die Öffnung mit Asbest geschlossen, sowie oben in der für den Druckversuch vorgesehenen Weise isoliert.

Die Ergebnisse dieser Versuche II und III sowie die des Versuches I enthält Tab. 4 und Abb. 11. In Tab. 4 sind außerdem die Beobachtungen der Wärmesteigerung in der unteren Klinkerplatte, zwischen dem Kugellager und außen am Ofen eingetragen. Die Wärmesteigerung war eine ziemlich gleichmäßige, schritt aber langsam voran. Der Umstand, daß bei Versuch III

---

[1]) Ohne Asbestzwischenlage.

nach 30 Minuten die Wärme im Körperinnern höher gefunden wurde als zwischen innerer Ofenwand und Körper, wurde dadurch erklärt, daß die Lötstelle des zweiten Pyrometers sich wahrscheinlich nicht an der heißesten Stelle der Ofenwand befand. Durch spätere Versuche wurde dies bestätigt.

Wenn auch der Verlauf der Wärmesteigerung ein ziemlich regelmäßiger war, so wurde doch beobachtet, daß infolge des wachsenden Widerstandes beim Erhitzen des Ofens und der dadurch verminderten Stromstärke der Versuch stark beeinflußt wurde.

Um gleiche Verhältnisse zu schaffen, sind deshalb die Versuche IV und V so ausgeführt worden, daß die Stromstärke während der Dauer des Versuchs möglichst gleichmäßig auf 10 Amp. gehalten wurde, was sich mit Hilfe allmählicher Verringerung der Vorschalt-Widerstände leicht erreichen ließ.

Die Ergebnisse dieser Versuche enthält Abb. 12 zeichnerisch aufgetragen. Bei Versuch V wurde die Stromrichtung entgegengesetzt wie bei Versuch IV verwendet.

Schlußfolgerungen aus Versuch
II bis V.

Die getroffenen Einrichtungen gestatten es, bei Anwendung einer gleichbleibenden Stromstärke von etwa 10 Amp. innerhalb einer Stunde die für den Ofen höchstens anzuwendende Wärme von 1200 C⁰ im Körperinnern zu erreichen.

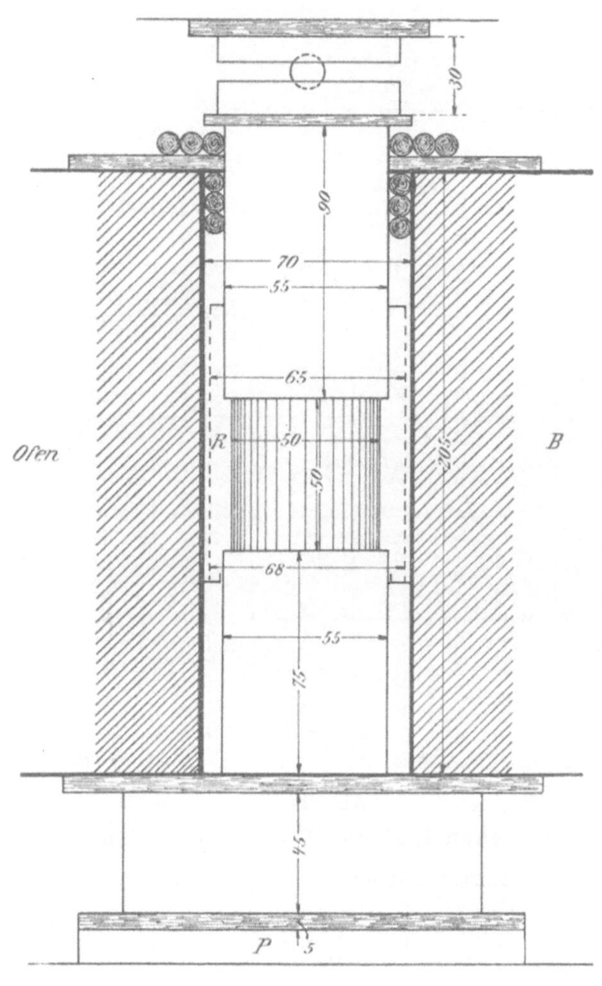

Abb. 10.
Einrichtung zur Prüfung erhitzter Schamottekörper auf Druckfestigkeit.

Der zu prüfende Körper nimmt sehr schnell die Wärme der ihn umgebenden Luft an. Seine Erhitzung nimmt gleichmäßig mit der steigenden Wärme des Ofeninnern zu.

Die als Druckplatten benutzten Klinkerplatten erhitzen sich langsam innerhalb der Versuchsdauer bis auf höchstens 160 C⁰, die Außenwärme des Ofens wird während des Versuchs nicht so hoch, daß der noch durch mehrere Eisenplatten von dem Ofen getrennte Druckzylinder der Maschine, die übrigens ohne Manschettendichtung arbeitet, dadurch beeinflußt würde.

Die Einrichtung erschien somit zur Durchführung der geplanten Druckversuche mit erhitzten Schamottekörpern wohl geeignet.

Gleichwohl wurden noch an zwei weiteren Tagen Ende Februar und Anfang März 1907 zwei Vorversuche unternommen, um festzustellen, ob es nicht gelingen würde, bei Anwendung geringerer, langsam steigender Stromstärken — um den Ofen zu schonen — bei Verlängerung der Versuchsdauer auf etwa 2 Stunden gleich günstige Ergebnisse zu erzielen.

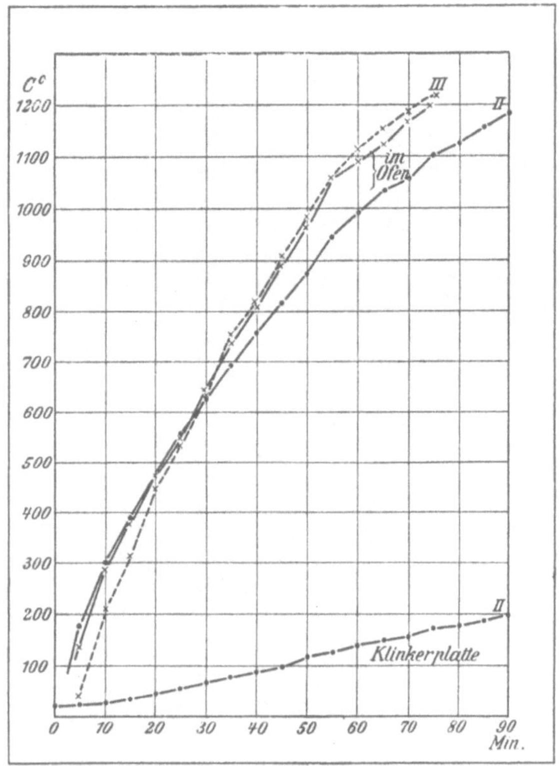

Abb. 11.

Vorversuch I, II und III mit dem Ofen B.

Stromstärke fallend von 12 auf 7,5 Amp.

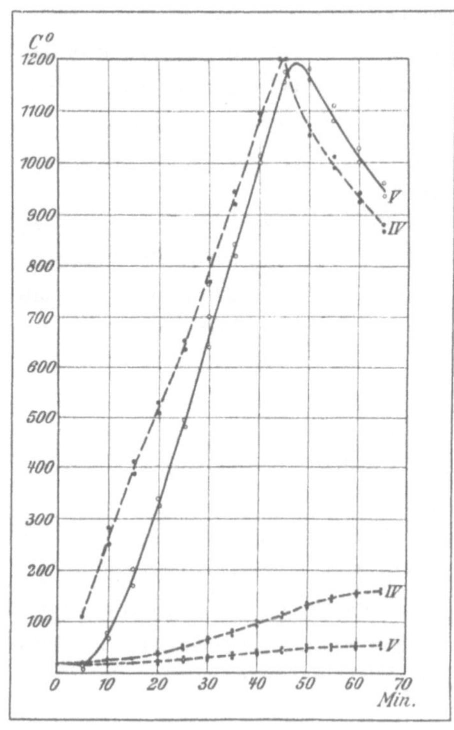

Abb. 12.

Vorversuch IV und V mit dem Ofen B.

Stromstärke gleichbleibend 10 Amp.
Die unteren Linien beziehen sich auf die
beobachtete Wärmesteigerung in der
unteren Klinkerplatte.

Vorversuche VI und VII.

Die Ergebnisse dieser Vorversuche VI und VII sind in Abb. 13 aufgetragen.

Die Versuche wurden mit 5 Amp. begonnen und in Abständen von je einer halben Stunde wurde die Stromstärke um 1 Amp. erhöht bis auf 8 Amp. Im Verlauf von zwei Stunden wurde die Höchstwärme von 1000 C^0 erreicht.

Zur sicheren Feststellung der Wirkungsweise und der Sicherheit der Versuchseinrichtung erübrigte nur noch der Vergleich der beiden benutzten Pyrometer untereinander und die Ermittelung der Wärmeunterschiede oben und unten im Ofen.

Pyrometer.

Die beiden Pyrometer A und B wurden nebeneinander in den Ofen eingeführt und die Stromstärke, beginnend mit 5 Amp. in gleicher Weise gesteigert wie bei Versuch VI und

VII. Sie zeigten bis annähernd 1000° befriedigende Übereinstimmung, werden übrigens dauernd unter Kontrolle gehalten.

Unterschiede der Ofenwärme oben und unten.

Um festzustellen, ob der dem Versuch zu unterwerfende Probekörper annähernd gleichmäßige Erwärmung in seiner ganzen Ausdehnung erfährt, wurde ein Pyrometer A in den oberen Teil des Ofens, das andere B an dessen unterem Ende eingeführt. Um den ungünstigsten Fall zugrunde zu legen und die Ofenwärme so schnell wie möglich zu steigern, wurde gleichbleibende Stromstärke von 10 Amp. angewendet, so daß die Hitze in dem sonst leeren Ofen innerhalb 45 Minuten oben auf 1200 C° stieg. Tab. 5 enthält die Ergebnisse der Messung, die außerdem in dem Schaubild 14 aufgetragen sind.

Tabelle 4. **Vorversuche II und III mit dem Ofen B.**

Versuch II						Versuch III				
Ver-suchs-dauer	Strom-stärke	Wärme C°				Ver-suchs-dauer	Strom-stärke	Wärme C°		
		im Ofen-innern	in der Klinker-platte unten[1])	zwischen dem Kugel-lager[1])	außen am Ofen			im Ofen-innern	im Probe-körper	außen am Ofen
Min.	Amp.					Min.	Amp.			
—	11,0	—	20,0	20,0	20,0	—	11,5	—	—	19,5
5	10,3	180	20,3	20,2	—	5	9,5	140	45	19,5
10	9,3	300	25,0	21,0	21,0	12	9,0	290	210	19,5
15	9,3	388	32,0	23,0	21,5	15	8,7	380	315	20,5
20	9,2	475	43,5	27,0	23,1	20	8,6	475	445	21,6
25	8,7	555	53,5	31,5	25,2	25	8,4	550	535	24,2
30	8,6	625	65,0	37,5	25,5	30	8,2	645	635	25,0
35	8,5	690	75,0	41,0	28,5	35	8,2	735	755	26,3
40	8,4	755	84,0	49,0	31,0	40	8,2	810	820	30,0
45	8,3	815	98,0	57,0	34,2	45	8,0	890	910	32,0
50	8,0	875	114,5	65,5	35,1	50	8,0	965	985	34,0
55	7,8	945	125,5	68,0	37,5	55	7,9	1060	1060	36,8
60	7,7	990	139,0	83,0	39,5	60	7,8	1090	1115	40,0
65	7,7	1035	148,0	91,5	41,2	65	7,8	1125	1155	41,8
70	7,7	1055	155,5	97,0	42,3	70	7,7	1170	1190	44,2
75	7,7	1100	167,0	107,0	45,0	75	7,7	1200	1220	46,8
80	7,5	1125	174,5	113,0	47,5					
85	7,5	1155	184,5	119,5	51,0					
90	7,5	1180	196,0	125,0	—					

20 Minuten lang (bis etwa 500 C°) steigt die Wärme oben und unten ziemlich gleichmäßig, dann beginnt aber der obere Teil des Ofens sich etwas schneller zu erwärmen, bis schließlich bei Erreichung der Höchstwärme der Unterschied oben und unten in Entfernungen von je 100 mm vom Mittelpunkt des Ofens etwa 200 C° beträgt. Berücksichtigt man, daß die unterste Kante des Probekörpers sich 75 mm über dem unteren Ofenrande und nur 25 mm vom Mittelpunkt des Ofens entfernt befindet, so ist wohl die Erwärmung des Probekörpers bis zum Druckversuch als genügend gleichmäßig anzusehen. Der Unterschied der Erwärmung zwischen Unterkante und Oberkante des Körpers beträgt dann unter der Annahme der schnellsten Wärmesteigerung, die überhaupt möglich ist, nur 50 C° zu der Zeit, in der der

---

[1]) Ohne Asbestzwischenlage. Die darüber bezw. darunter liegenden Metallplatten wurden kaum handwarm. Weitere Messungen deshalb aufgegeben.

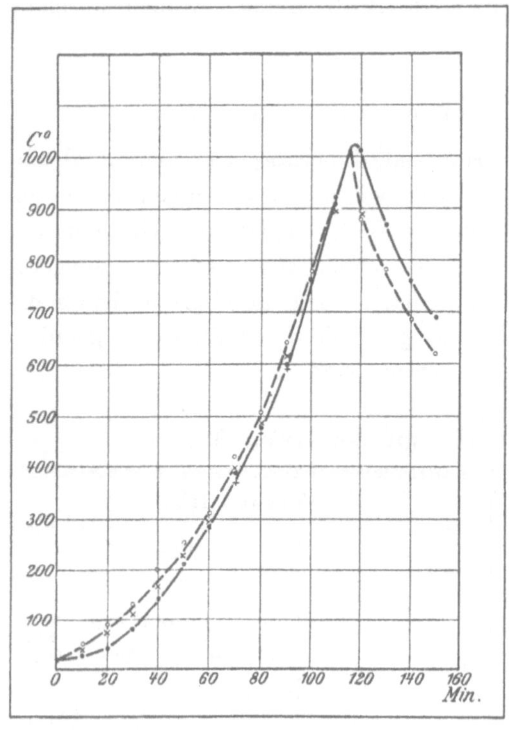

Abb. 13.

Vorversuche VI und VII mit dem elektrischen Ofen B (27. II. 07 und 1. III. 07).

Stromstärke langsam steigend bis 8 Amp.

Temperatur im Innern des Probekörpers ●——● VI
+——+ VII
„   „   „   „ Ofens   ○---○ VI
×---× VII

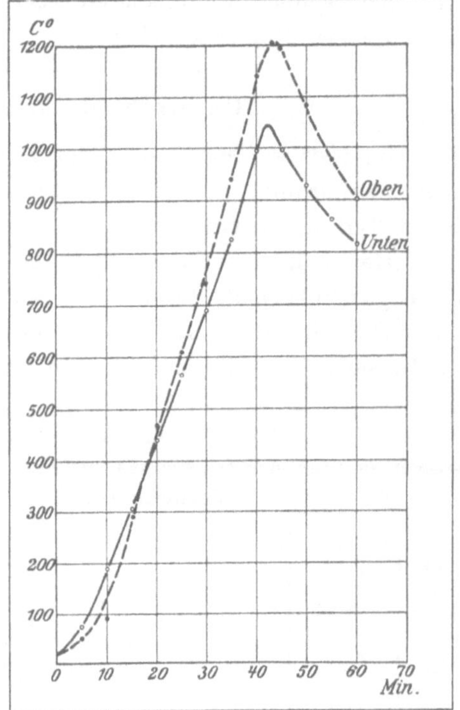

Abb. 14.

Vergleich der Ofenwärme oben und
unten.

Stromstärke gleichbleibend 10 Amp.

Tabelle 5. **Vergleich der Ofenwärme oben und unten bei gleichbleibender Stromstärke.**

Ablesezeit	Versuchs-dauer	Stromstärke	Temperatur oben	Temperatur unten	Bemerkung
	Min.	Amp.	Pyr. A	Pyr. B	
9 0	0	10,4	19	19	Zimmerwärme 19°
9 5	5	10,0	50	72	
9 10	10	10,0	90	190	
9 15	15	10,0	290	305	
9 20	20	10,0	470	440	
9 25	25	10,0	610	565	
9 30	30	10,0	740	690	
9 35	35	10,0	940	825	
9 40	40	10,0	1140	995	
9 45	45	0	1195	995	ausgeschaltet bei 1200° oben
9 50	50	0	1080	925	
9 55	55	0	975	860	
10 0	60	0	900	815	

Druckversuch ausgeführt wird. Wird die Wärme, wie es empfehlenswert ist, langsamer gesteigert, so wird sich der Unterschied noch mehr ausgleichen. Übrigens hat sich bei den bisherigen Versuchen an keinem Körper etwa eine ungleichmäßige Zerstörung infolge größerer Erweichung oben nachweisen lassen, sondern die Körper sind stets völlig gleichmäßig, häufig unter regelrechter Pyramidenbildung zerstört worden.

Nachdem so die Vorbedingungen festgestellt waren und sich die Versuchseinrichtung bewährt hatte, ist zu den Hauptversuchen übergegangen worden.

Versuchsanordnung.

Abb. 15 zeigt die Art, in welcher der Ofen in die Presse eingebaut und die vorhandenen Widerstände und das Amperemeter in den Strom eingeschaltet wurden.

Der Einbau des Versuchskörpers mit seinen Druckzylindern in den Ofen erfolgte auf der an die Presse angehängten Konsole, von der aus der Ofen mit der unteren geschliffenen Klinkerplatte und deren Einbau auf den Preßkolben geschoben wird. (Die Pole am Ofen werden bei jedem Versuch vertauscht, um elektrolytische Wirkungen in der Ofen-Bewicklung zu vermeiden.) Nachdem der Ofen in der Presse die richtige Lage hat, wird das Kugellager aufgesetzt, gegen die obere Preßplatte mit Asbestpappe isoliert und die obere Preßplatte angedrückt. Dann

Abb. 15.
Versuchsanordnung für die Hauptversuche.

wird der Strom auf 5 Amp. eingeschaltet und halbstündlich die Stromstärke um 1 Amp. bis auf 8 Amp. gesteigert. Nach Erreichung der Höchstwärme wird der Druckversuch ausgeführt und sofort nach Absinken der Quecksilbersäule der Presse der Strom ausgeschaltet. Hierauf wird die obere Preßplatte so weit wie möglich zurückgezogen, Kugellager und Asbestpappe oben entfernt und der Ofen für den Rest des Tages sich selbst überlassen, um abzukühlen.

<h2 style="text-align:center">Hauptversuche.</h2>

Die erste Versuchsreihe wurde mit Schamottesteinen eines Rheinischen Werkes angestellt. Die Steine hatten die mittleren Abmessungen 25,0 · 12,5 · 6,9 cm und ziemlich gleichmäßige Form bei gutem Brand.

Zwanzig dieser Steine wurden paarweise übereinander gemauert, in der üblichen Weise abgeglichen und in trockenem Zustande geprüft (Tab. 6). Druckfestigkeit 195 kg/qcm. Aus sechs weiteren Steinen wurden 8 Zylinder von 5 cm Durchmesser auf der Diamantbohrmaschine herausgebohrt und auf der Karborundumscheibe bis auf 5 cm Höhe eben und parallel abgeschliffen. 5 von diesen Zylindern wurden in trockenem kaltem Zustande geprüft. Druckfestigkeit 169 kg/qcm. Die drei letzten wurden nacheinander in den elektrischen Ofen gesetzt, bis auf etwa 1000 C⁰ erhitzt und dann zerdrückt. Druckfestigkeit 218 kg/qcm.

Tabelle 6. **Druckfestigkeit feuerfester Steine kalt und heiß.**

1. Rheinische Steine des Handels.

Versuch Nr.	Zwei Steine wie üblich aufeinander gemauert. Gedrückte Fläche 310 qcm					Zylinder aus den Steinen herausgebohrt. Abmessungen: 5 cm Höhe, 5 cm Durchmesser. 19,6 qcm					
	Abmessungen der Versuchskörper cm			Bruchlast		Im trockenen Zustande kalt geprüft			Bis auf 1000 C⁰ erhitzt und geprüft		
						Gewicht	Bruchlast		Gewicht	Bruchlast	
	Länge	Breite	Höhe	kg	Verhältniszahlen[1]	g	kg	Verhältniszahlen	g	kg	Verhältniszahlen
1	25,0	12,4	14,9	60000	99	172	3250	98	—	—	—
2	25,0	12,4	14,9	66550	110	174	3650	110	—	—	—
3	24,8	12,4	14,9	58000	96	172	3150	95	—	—	—
4	24,9	12,4	14,9	64550	107	173	3280	99	—	—	—
5	25,0	12,3	14,9	57500	95	173	3250	98	—	—	—
6	24,9	12,4	14,9	57000	94	—	—	—	—	3820	89
7	25,0	12,5	14,9	62000	102	—	—	—	—	4285	100
8	25,0	12,3	14,9	65550	108	—	—	—	—	4730	111
9	24,9	12,3	14,9	58500	97	—	—	—	—	—	—
10	25,0	12,3	14,9	55550	92	—	—	—	—	—	—
Mittel	25,0	12,4	14,9	60520	100	173	3316	100	—	4278	100
σ_B		—		195	—	—	169	—	—	218	—

Das Material hat demnach durch einmaliges Erhitzen und Zerdrücken in erhitztem Zustande nicht nur keine Festigkeitsverminderung erlitten, sondern sogar höhere Festigkeit ergeben als es im kalten Zustand besitzt. Es bleibt weiteren Versuchen vorbehalten, festzustellen, ob andere Steine durch Erhitzung in ihrer Tragfähigkeit beschränkt werden und in welchem Verhältnis die Zylinderfestigkeit gegenüber der Festigkeit der gemauerten Steine steht.

Beschränkter Mittel wegen konnten zunächst nur noch zwei Versuchsreihen zum Vergleich angestellt werden, zu denen wieder Steine des Handels mit den Abmessungen 22,7 · 11,1 · 7,2 cm benutzt wurden. Die Zylinder wurden aus verschiedenen Steinen senkrecht zu den Läuferflächen herausgebohrt und auf 5 cm Länge eben abgeschliffen. Die Ergebnisse der Versuche sind in Tab. 7 zusammengestellt. Es ergibt sich auch hier wieder eine höhere Festigkeit der heißen Proben.

---

[1] Mittelwert = 100.

Tabelle 7. **Druckfestigkeit feuerfesten Materials kalt und heiß.**

2. Steine P. W. 10.

Zylinder senkrecht zur Läuferseite aus Vollsteinen gebohrt.

	Kalt geprüft				Heiß geprüft		
		Bruchlast				Bruchlast	
Nr.	Gewicht			Nr.	Gewicht		
	g	kg	Verhältnis-zahlen		g	kg	Verhältnis-zahlen
1	183	2595	90	11	175	3180	99
2	176	2650	92	12	183	4070	127
3	174	2640	91	13	183	3925	123
4	178	2900	100	14	182	3725	116
5		zerbrochen		15	182	2785	87
6	177	2750	95	16	175	2715	85
7	180	2800	97	17	173	2060	64
8	179	3845	133	18	172	3057	95
9	173	3230	111	19	174	3295	103
10	177	2675	92	20	176	[1975] [1]	—
Mittel	**177**	**2898**	**100**	Mittel	**177**	**3201**	**100**
σ_{-B}	—	148	—		—	163	—

Wenn sich diese Erfahrung auch bei anderen guten Schamottesteinen bestätigen sollte — was weiteren Versuchen vorbehalten bleiben muß, die bereits in Angriff genommen sind — dann würde nicht zu besorgen sein, daß das Gittermauerwerk hoher Winderhitzer etwa infolge einmaliger Erhitzung dem darauf lastenden Druck erliegt, denn es ist ausgeschlossen, daß an den Stellen der Winderhitzer, die unter der höchsten Druckbelastung stehen, nämlich unten, die Hitze der Steine jemals über 1000 C⁰ steigen könnte.

Es bliebe dann nur festzustellen — und das soll gleichfalls durch Versuche geschehen, — wie weit feuerfeste Steine durch wiederholtes Erhitzen auf über 1000 C⁰ etwa an Tragfähigkeit einbüßen.

Hierbei wird zu unterscheiden sein:

1. Wiederholte Erhitzung und Abkühlung, die beide so langsam vorgenommen werden, daß die inneren Spannungen infolge Wärmeverschiedenheiten auf ein möglichst kleines Maß zurückgeführt werden.
2. Wiederholte Erhitzung und Abkühlung in schneller Folge, so daß im Körper Spannungen eintreten, die möglicherweise das Gefüge lockern.

Raumveränderung feuerfester Steine beim Erhitzen.

Neben der Druckfestigkeit interessierte wesentlich die Raumbeständigkeit der für Winderhitzer benutzten feuerfesten Steine, die Schwindung der Schamotte wie auch das Wachsen des Quarzits. Die Feststellung der Raumänderung feuerfester Erzeugnisse geschieht nach mehrmaligem Erhitzen auf Segerkegel 0,5 bis zu 16 (1050—1450 C⁰) und Messung mit der Schublehre oder im Volumenometer. Der Wechsel zwischen Erhitzung und Abkühlung muß so lange fortgesetzt werden, bis entweder die Raumbeständigkeit festgestellt ist oder die Steine durch Risse und Sprünge gelockert sind. Die Messung mit der Schublehre läßt nur Ablesungen bis auf 0,1 mm zu, diese Genauigkeit ist aber ausreichend, wenn man in folgender Weise verfährt.

---

[1] Körper hatte einen Riß.

Ein Schamottezylinder von 5 cm Durchmesser, mit der Diamantbohrmaschine aus einem Stein oder Formstück herausgebohrt, wird auf eine ebene Platte gestellt und mit Hilfe einer Schublehre gemessen, indem man die Lehre flach auf die Platte legt, mißt, den Körper um einige cm dreht und auf diese Weise drei Messungen ausführt (Abb. 16). Dann legt man

Abb. 16.
Messung der Schwellung eines Schamottekörpers durch Erhitzen.

zu beiden Seiten des Zylinders Eisenplättchen von 1 cm Dicke und mißt in gleicher Weise. Dasselbe wird noch zweimal wiederholt. Nach Erhitzen des Körpers wird er in gleicher Weise gemessen und so fort nach Bedarf. Dabei ergeben sich beispielsweise Werte wie die in Tab. 8 enthaltenen.

Tabelle 8. **Raumänderung eines Schamottezylinders durch wiederholtes Erhitzen.**

Ablesung	Trocken mm			Auf 1200 C⁰ erhitzt mm			Auf 1300 C⁰ erhitzt mm		
	1	2	3	1	2	3	1	2	3
1	49,5	49,5	49,6	49,5	49,5	49,6	49,6	49,5	49,6
2	49,7	49,6	49,6	49,9	49,8	49,8	49,8	49,8	49,7
3	49,8	49,8	49,8	49,9	49,9	49,9	49,8	49,8	49,8
4	49,8	49,8	49,8	49,8	49,9	49,9	49,8	49,9	49,9
Se.	198,8	198,7	198,8	199,1	199,1	199,2	199,0	199,0	199,0
Mittel	**49**,7			**49**,8			**49**,8		

Ablesung	Trocken mm			Auf 1400 C⁰ erhitzt mm			Auf 1400 C⁰ erhitzt mm		
	1	2	3	1	2	3	1	2	3
1	49,5	49,5	49,6	49,5	49,5	49,6	49,5	49,6	49,6
2	49,7	49,7	49,7	49,7	49,8	49,8	49,8	49,7	49,8
3	49,9	49,9	49,8	49,9	49,9	49,9	49,8	49,9	49,9
4	49,8	49,8	49,8	49,9	49,8	49,9	49,9	49,9	49,8
Se.	198,9	198,9	198,9	199,0	199,0	199,2	199,0	199,1	199,1
Mittel	**49**,7			**49**,8			**49**,8		

Die mitgeteilten Versuche stellen nur Beispiele dar. Seit dem Beginn des Jahres 1909 sind größere Mittel zur Fortsetzung der Versuche bereitgestellt und es können nunmehr auch Anträge auf Prüfung erhitzter Steinkörper zur Ausführung gelangen. Auch die Prüfung der Längenänderung von Schamottekörpern während des Erhitzens ist in Aussicht genommen.

3. Die Verfälschungen der Orseille und deren Nachweis.

Von Dr. P. Heermann, ständiger Mitarbeiter der Abteilung 3 für papier- und textiltechnische Prüfungen.

In besonderen Zeiten der Teuerung und geringen Angebotes (Mißernten, starke Nachfrage durch Moderichtungen und neue Verwendungsarten) unterliegen wertvollere Naturerzeugnisse häufiger der Verfälschung als in normalen Zeitläufen. So hatte sich beispielsweise der Handel mit Orseille, bezw. mit Orseilleauszügen und -Präparaten lange hindurch im Rahmen lauteren Wettbewerbes gehalten; wenigstens waren Verfälschungen dieses immer noch bis zu gewissem Grade wertvollen Naturfarbstoffes nicht allzu häufig. Durch Mißernten in den allerletzten Jahren, besonders des letzten Jahres, wurde das Angebot bei gleichzeitiger durch die Moderichtung verursachter größerer Nachfrage geringer und gleichzeitig trat die Verfälschung dieses Produktes auffallend in die Erscheinung.

Handelt es sich lediglich um Änderung der Konzentration des flüssigen Orseilleauszuges (in welcher Form dieser Farbstoff meist in den Handel gelangt), sei es durch Verdünnung mit Wasser oder anderen, nicht färbenden Körpern, so ist eine solche Verfälschung — wenn hier die Bezeichnung am Platze ist — immerhin leicht durch quantitative Ausfärbung und Feststellung des Farbwertes aufzudecken; schwieriger wird aber die Aufgabe, wenn zur Fälschung Zusatz von Farbstoffersatzstoffen verwendet worden ist. Ja, nach den bisherigen Verfahren läßt sich mitunter gar nicht mit Sicherheit sagen, ob Verfälschung vorliegt oder nicht. Der Notschrei, der zurzeit aus Industriekreisen ertönt, gab mir den Anstoß, die bekannten Prüfungsverfahren nachzuprüfen und, wo Brauchbares fehlte, nach neuen Verfahren Ausschau zu halten. Während die spektroskopischen Prüfungen nach Vereinbarung mit Herrn Prof. Formánek-Prag dieser übernommen hat, habe ich Gelegenheit gehabt, im Kgl. Materialprüfungsamt die chemischen und koloristischen Prüfungen auszuführen.

Unterscheidet man die äußerst vielseitigen Verfälschungen der Orseille nach deren Zweckrichtung, so kann man sie einteilen in

    1. wirksame Verfälschungen,

    2. schönende Verfälschungen.

Erstere, die wirksamen Verfälschungen, können wiederum 1a) reinwirksame, 1b) bedingt wirksame und 1c) wirksam-schönende sein. Letztere, die schönenden Verfälschungen, können ihrerseits 2a) rein schönende, 2b) schönend wirksame (= 1c oder identisch mit wirksam-schönenden) und 2c) schönende und entgegengesetzt wirksame (gegenwirkende) sein. Unter die „wirksamen" Verfälschungen müssen diejenigen gerechnet werden, welche eine Färbwirkung erzeugen, also beim Färben mit der entsprechenden Orseille färberisch auch wirklich zur Geltung gelangen. Sie sind aber bedingt wirksam, wenn sie nur in ganz bestimmten Fällen zur Wirkung gelangen, während sie in anderen Fällen ungebraucht im Bade zurückbleiben. Unter „schönenden" Zusätzen versteht man diejenigen, welche den Zweck erfüllen, die Lösung des Extraktes oder den Extrakt selbst äußerlich zu schönen, demselben volleres, blumigeres und satteres Äußere zu verleihen und somit durch sein Ansehen zu bestechen. Kommen diese Zusätze gleichzeitig als Farbstoffe der Faser gegenüber zur Geltung, so sind sie „schönend-wirksame" oder „wirksam-schönende" (1c bezw. 2b), je nachdem die eine oder die andere Eigenschaft vorwaltet. Wirken sie neben ihrer schönenden Eigenschaft im entgegengesetzten Sinne, d. h. in einer vom Färber unerwünschten Richtung, so sind es schönend-gegenwirkende oder entgegengesetzt wirksame Zusätze. Die einen Zusätze sind also zweckentsprechend, die letzten zweckwidrig.

Was die Farbstoffe selbst betrifft, welche zur Verfälschung der Orseille dienen oder dienen können, so sind sie außerordentlich mannigfacher Natur. Von den nach koloristischen Grundsätzen eingeteilten künstlichen Farbstoffen, den basischen, sauren, substantiven, adjektiven, Entwicklungs-, Oxydations-, Schwefelfarbstoffen, kommen nur die ersten vier in Betracht, weil die letzten vier Klassen weder dem Zwecke der Wirksamkeit, noch demjenigen der Schönung zu entsprechen vermögen, sie zu einem großen Teil auch im Preise so hoch stehen, daß deren Anwendung auch von diesem Gesichtspunkte aus ausgeschlossen erscheint. Aus diesen Gründen ist von den letzten vier Klassen bei Besprechung der Aufdeckung von Verfälschungen auch gar nicht die Rede. Um so mehr Anreiz bietet eine große Anzahl der ersten vier Gruppen. Die basischen Farbstoffe sind immer noch als die geeignetsten Verfälschungsfarbstoffe zu bezeichnen, da sie sowohl hinsichtlich der Wirksamkeit, als auch der Schönung die günstigsten Ergebnisse liefern. Die sauren und substantiven Farbstoffe wirken im allgemeinen wenig schönend und sind oft nur bedingt wirksam. Die Beizenfarbstoffe (hier kommen eigentlich nur ganz vereinzelte Naturfarbstoffe wie Blauholz und Rotholz, und das heute wohl auch noch kaum, in Betracht) sind z. T. allerdings von außerordentlich hoher Schönungskraft, ihre Wirksamkeit ist aber entweder so gut wie gar nicht vorhanden oder aber in den meisten Fällen eine entgegengesetzte. Sie können unter Umständen, wo man es beispielsweise mit teilweise gebeizter Faser zu tun hat, von derart schädlichem Einfluß sein, daß deren Anwendung als Surrogate kaum noch ernstlich in Frage kommt; als historische Verfälschung der Orseille beanspruchen sie aber immerhin einiges Interesse.

Zum Nachweis der Verfälschungen sind folgende Wege und Verfahren eingeschlagen worden:

> Reaktionen der Farbstofflösungen,
> Reaktionen der Färbungen auf der Faser,
> Färberisches Verhalten der Originallösungen,
> Reaktionen und färberisches Verhalten der Rückstandsfarbbrühe,
> Reaktionen der Nachfärbungen,
> Reaktionen der eingetrockneten Farblösungen,
> Reaktionen der eingetrockneten Rückstandsfarbbrühen,
> Verdunstungserscheinungen,
> Kapillaritätserscheinungen, Reduktions- und Fällungserscheinungen.

Ferner sind die bekanntesten Verfahren der Literatur nachgeprüft und die Grenze der Nachweisbarkeit von Verfälschungen aufgestellt worden. Die bekannten Verfahren der Literatur sind vervollständigt und schließlich ein einheitlicher Untersuchungsplan zusammengestellt worden. Gerade durch Schaffung des letzteren dürfte den beteiligten Kreisen besonders gedient sein, da sie sich dadurch nicht mehr mit einzelnen zusammenhanglosen Reaktionen wie bisher zu behelfen brauchen, sondern die Verfälschungen nach einem einheitlichen Gang eine nach der anderen aufzudecken in die Lage versetzt werden.

1. Reaktionen der Farbstofflösungen.

Das zu den Versuchen nötige Material an reinen Orseilleauszügen ist von der Firma Max Fränkel & Runge-Spandau dem Kgl. Materialprüfungsamt in dankenswerter

Weise zur Verfügung gestellt worden. Zur Untersuchung, zum Vergleich und zur künstlichen Verfälschung gelangten zwei Auszüge, Orseilleextrakt bläulich und Orseilleextrakt gelblich. In chemischer und färberischer Beziehung verhielten sich beide Produkte, bis auf den Farbton, ganz gleich. Die chemische Prüfung auf Trockengehalt und Aschengehalt ergab nennenswerte Unterschiede:

Orseilleextrakt bläulich: Trockensubstanz 11,74 %, Aschengehalt 2,93 %,
Orseilleextrakt gelblich: „   13,63 „ ,   „   4,08 „ .

Der Trockenextrakt verbrennt außerordentlich schwierig und gibt nur sehr schwer eine reine kohlefreie Asche; diese reagierte in beiden Fällen alkalisch.

Die mit diesen Original-Orseilleextrakten erhaltenen Farbreaktionen wurden als maßgebend angenommen und zum Vergleich mit den mit Anilin- und Holzfarben versetzten Farblösungen herangezogen. Es kamen überall 1 volumenprozentige Lösungen (10 ccm zu 1 Liter mit destilliertem Wasser gelöst) zur Anwendung. An Fremdfarbstoffen wurde wiederum 1 % vom Orseilleextrakt, also 0,1 g, in der Orseillelösung aufgelöst, so daß sämtliche Lösungen 1 % Orseilleextrakt und 0,01 % künstlichen Farbstoffzusatz enthielten. Mit diesen Lösungen wurden nun sämtliche Reaktionen, Ausfärbungen, Fällungen usw. vorgenommen. Bei dem großen, hundertfachen, Überschuß an reinem Orseilleextrakt gegenüber dem Surrogatfarbstoff kann es nicht wunder nehmen, daß Unterschiede nur vereinzelt und nur dort deutlich zutage traten, wo ein grundverschiedenes Verhalten beider Bestandteile vorlag, beispielsweise bei der Entfärbung der Orseille und Unveränderlichkeit des zugesetzten Farbstoffes einem bestimmten Reagens gegenüber. In den allermeisten Fällen traten keine, mitunter schwach sichtbare, nur für ein geschultes Auge wahrnehmbare, Unterschiede zutage. In solchen Fällen mußten andere Wege eingeschlagen werden. Der Übersichtlichkeit halber sind nachstehend die Reaktionen der reinen Orseillelösungen und diejenigen der verfälschten Lösungen tabellenförmig zusammengestellt worden. Die Reaktionen der reinen Orseillelösungen sollen zugleich bei etwaigen Prüfungen von Extrakten als Normalreaktionen betrachtet werden.

Aus nachstehender Tabelle ist zu ersehen, daß der große Überschuß der Orseille die besonderen Reaktionen der Zusatzfarbstoffe im allgemeinen völlig verdeckt. Einwandfrei ist die Zinnsalzreaktion bei Säurefuchsin, weil hier die Entfärbung der Orseille unterstützend wirkt. Bei einiger Vorsicht und Übung, sowie ziemlichen Mengen von Zusatzfarbstoff sind ferner die Reaktionen bei der Einwirkung von Säuren auf Fuchsin (Tonverschiebung nach gelb), Safranin (Tonrichtung nach blau), Benzopurpurin (geringe Fällung), sowie den entsprechenden Farbstoffen dieser Klasse zu unterscheiden. Sie genügen bei kleinen Mengen indes nicht, um auf Grund derselben eine bestimmte Aussage zu machen, da kleine Tonverschiebungen grundsätzlich nicht dazu berechtigen dürften, den schweren Vorwurf einer Verfälschung zu erheben. Sie können aber einen wertvollen Fingerzeig für eine weitere Prüfung geben. Übrigens hängt der Grad der Tonverschiebung naturgemäß in erster Linie von der Menge des zugesetzten Farbstoffes ab.

2. Reaktionen der Färbungen auf der Faser.

Zum Vergleich der Reaktionen der Orseillefärbungen wurde die Wollfaser als Farbstoffträger gewählt, weil diese Faser von den für die Orseille in Frage kommenden am leichtesten zugänglich ist. Dagegen wurde von Seidenausfärbungen ganz abgesehen, schon weil die Beschaffung dieses Materials für manche Laboratorien eigens für diesen Zweck notwendig

	1 Reine Orseille-lösung, 10:1000	2 Orseille-lösung + 0,1 g Fuchsin zu 1 Liter	3 Orseille-lösung + 0,1 g Safranin zu 1 Liter	4 Orseille-lösung + 0,1 g Säurefuchsin zu 1 Liter	5 Orseille-lösung + 0,1 g Benzopurpurin 4 B zu 1 Liter	6 Orseille-lösung + 0,1 g Hämatin zu 1 Liter
Konz. Schwefelsäure	rot, allmählich trüber	rot, etwas gelblicher	rot, wie 1	rot, wie 1	rot, etwas dunkler als 1	rot, etwas gelblicher als 1
Konz. Salzsäure	rot, klarer als H_2SO_4	rot, gelblicher als 1	wesentlich blauer als 1 und 2	rot, wie 1	etwas blauer schmutziger als 1, geringer Niederschlag	etwas gelblicher als 1
Salpetersäure, verdünnt	rot	rot, wie 1	etwas blauer als 1 und 2	rot, wie 1	wie 1, geringe Fällung	etwas gelblicher als 1
Ammoniak, 10 %ig	blauviolett (fluoreszier.)	wie 1	wie 1, gegen Licht etwas undurchsichtiger	wie 1	wie 1	wie 1
Natronlauge, 10 %ig	violett	wie 1	etwas weniger blau als 1	wie 1	etwas gelber als 1, im durchf. Licht weniger blau	wie 1
Bettendorfs Reagens [1]	sofort fast entfärbt	wie 1, nur etwas gelberer Endton	wie 1	bleibt deutlich rot	wie 1	bleibt deutlich rot
Hydrosulfit NF, 10 %ig	heiß sofort entfärbt	wie 1	wie 1, geringer Übergangston merklich	wie 1	wie 1	bleibt schmutziger
Chlorkalklösung, 25 g akt. Cl : 1000	bleicht langsam aus	wie 1	wie 1	wie 1	wie 1	wie 1
Titanchloridlösung konz., 3 Tropfen auf 5 ccm Lösung	entfärbt sofort (schmutz. Endton)	wie 1	wie 1	bleibt rot	wie 1	wie 1

wäre. Es wurden Färbungen in Stärke von 5 % des flüssigen Auszuges vom Gewicht der Faser hergestellt; gefärbt wurde in der 30fachen Menge Farbbrühe, zunächst in wässerig-neutraler Lösung bis zum Kochen, dann unter Zusatz von 3 % Essigsäure (100 %ig). Nach 3 Minuten langem Kochen in diesem schwach sauren Bade wurde abgestellt, 5 Minuten im Bade stehen gelassen, dann gespült. Die Farbstoffzusätze zu der Orseille sind überall die nämlichen geblieben, wie oben (0,1 g Farbstoff auf 10 ccm Orseilleauszug und 1000 ccm Lösungsmenge).

Wie aus den nachstehenden Tabellen hervorgeht, läßt sich der Nachweis von 1 % Farbstoffzusatz an Hand der üblichen Reaktionen mit der gefärbten Wolle nicht führen. Es sind nur einige ganz geringe Unterschiede wahrzunehmen, bei der allgemein üblichen Ausführungsweise sind dieselben aber nicht mit Sicherheit zu benützen. Da ein Teil der Zusätze auch ohne diese Reaktionen auf Grund des färberischen Verhaltens aufzudecken ist, so wurde darauf verzichtet, die Unterscheidungsmerkmale zu verfeinern. Letzteres ist nur dort geschehen, wo andere Nachweise infolge gleichen Verhaltens zu der Faser versagten.

---

[1] 1 Teil Zinnchlorür und 1 Teil konz. Salzsäure, kalt angewandt.

	1 (Orseille-lösung rein)	2 + Fuchsin	3 + Safranin	4 + Säure-fuchsin	5 + Benzo-purpurin	6 + Hämatin
Konz. Schwefelsäure	rot, allmählich nach braun	wie 1	wie 1	wie 1	wie 1	wie 1
Verdünnte H_2SO_4	Faser fast unverändert, Lösung rötlich	wie 1	Lösung etwas rötlicher, Faser etwas nach blau	wie 1	Spur blauer	wie 1
Konz. HCl	Faser fast unverändert, Lösung rosa	gelber als 1	blauer als 1	wie 1	etwas blauer als 1	wie 1
Ammoniak	sofort blau-violett	wie 1, langsamer verlaufend	weniger blau als 1	wie 1	wie 1	wie 1
Natronlauge	blauviolett, beim Kochen fast entfärbt (schmutzig grau)	wie 1	Faser rötlicher, beim Kochen bleibt Lösung schmutzig rosa	wie 1	wie 1	wie 1
Salpetersäure, konz.	über orange nach braun-gelb	wie 1	wie 1	wie 1	wie 1	wie 1
Bettendorfs Reagens	beim längeren Stehen (1 Std.) fast entfärbt	Faser behält gelblichen Stich	wie 1	Faser bleibt länger rosa	wie 1	—
Hydrosulfit NF 10 %ig	heiß sofort entfärbt	etwas langsamer entfärbt	wie 2	wie 2	bleibt länger rosa	—
Chlorkalklösung	allmählich heller, lachsfarbig, endlich fast entfärbt	etwas langsamer gebleicht	wie 1	noch etwas langsamer gebleicht als 2	wie 1	—

3. Färberisches Verhalten der Farblösungen.

Da die Zusatzfarbstoffe nicht alle die nämliche Verwandtschaft wie Orseille zu bestimmten und besonders vorbereiteten Fasern besitzen und besitzen können, war von vornherein anzunehmen, daß auf solche Weise durch „Wahlfärbung" eine Trennung der Verfälschungsfarbstoffe von der Orseille durchführbar sei, wenigstens in den Fällen ausgesprochener Unterschiede im Gesamtverhalten den Fasern gegenüber. Als sauerziehender Farbstoff zieht die Orseille beispielsweise nicht auf gewöhnliche Baumwolle, ebensowenig auf tannierte und metallisch vorgebeizte Baumwolle. Man müßte demnach annehmen, daß substantive, basische und adjektive Farbstoffe durch jene Fasern aus der Farbmischung herausgezogen würden. Da nun aber die Orseille alle Fasern auch ohne zu färben stark anschmutzt, so mußte gleichzeitig ein richtiges Mittel gefunden werden, die anschmutzende Orseille von der Faser derart zu entfernen, daß nicht zugleich die aufgefärbten Farbstoffe mit heruntergezogen würden. Bei den verhältnismäßig geringen Farbstoffmengen, die als Zusätze in Frage kommen, mußte demnach sehr vorsichtig zu Werke gegangen werden. Nach mehrfachen Versuchen ist es denn auch gelungen, Spuren Zusatzfarbstoffe bis zu 0,01 % vom Gewicht des Orseilleauszuges einwandfrei nachzuweisen, allerdings nur bei Farbstoffen, die sich färberisch von der Orseille wesentlich unterscheiden, also bei den basischen, substantiven und adjektiven Farbstoffen. Die sauren Farbstoffe — das sei hier schon vorweggenommen — lassen sich z. T. äußerst schwierig bestimmen und nur diejenigen sauren Farbstoffe, wie Säurefuchsin, Säureviolett, Violamin u. a. m., welche sich mit Zinnsalz oder Bettendorfs Reagens nicht so leicht reduzieren lassen, werden glatt und leicht erkannt. Das grundsätzliche Verhalten der einzelnen Farbstoffgruppen zu den Fasern ist folgendes:

	Verhalten zu gebleichter Baumwolle	Verhalten zu Tannin — Antimon — gebeizter Baumwolle	Verhalten zu Garanzinestreifen
Orseille rein	schmutzt an	schmutzt an	schmutzt an
Orseille + Fuchsin (bezw. basische F.) .	schmutzt an	färbt an	schmutzt an
Orseille + Safranin	schmutzt an	färbt an	schmutzt an
Orseille + Säurefuchsin (bezw. saure Farbst.)	schmutzt an	schmutzt an	schmutzt an
Orseille + Benzopurpurin (bezw. substantive F.)	färbt an	färbt an	färbt an
Orseille + Hämatin (bezw. adjektive F.)	schmutzt an	schmutzt an	färbt an

Eine gewisse Schwierigkeit besteht nun im Auswaschen der lose anhaftenden Orseille, die immerhin bei der nötigen großen Farbstoffmenge eine recht beträchtliche Farbtiefe erzeugt und den Eindruck des richtigen Anfärbens macht. Durch Waschen mit kaltem Wasser geht ein Teil, durch Behandeln mit Ammoniak geht der allergrößte Teil herunter, es hinterbleibt aber immer noch eine schwach blauviolette Färbung. Das Ammoniak zerstört aber gleichzeitig das Fuchsin und andere Farbstoffe. Durch Kochen mit Alkohol wird nicht genügend rein abgezogen; durch Behandeln mit kochender Seifen- oder Seifensodalösung wird leicht zu weit gegangen, so daß auch die geringen Mengen der Zusatzfarbstoffe ganz oder zum Teil entfernt werden. Als günstigste Arbeitsweise ist nun folgende gefunden worden: Gründliches Waschen mit kaltem Wasser, Aufkochen mit destilliertem Wasser im Reagensglase, Zusetzen von $\frac{1}{3}$—$\frac{1}{2}$ Volumen einer Seifensodalösung (5 g Marseiller Seife und 3 g calc. Soda im Liter), nochmaliges Aufkochen in dieser ganz verdünnten Brühe, Abschütten der Lösung und Spülen. Auf solche Weise wird beispielsweise gebleichte Baumwolle in der ursprünglichen tadellosen Weiße erhalten, während anderseits die geringsten Spuren anfärbender Farbstoffe auf der Faser erhalten bleiben, die, wie erwähnt, bis zu 0,01 % von der Orseillemenge deutlich sichtbar bleiben.

Der Gang der Prüfung wäre nun folgender: Zunächst (1) wird ungebeizte, gebleichte oder weniger gut ungebleichte, Baumwolle mit der Farblösung im Überschuß kochend behandelt. Tritt eine nachweisbare Färbung nach obig beschriebenen Reinigungsverfahren ein, so kann mit einem Zusatz von Kochsalz oder Glaubersalz eine zweite Färbung ausgeführt werden. Auf solche Weise kann die Gesamtmenge des vorhandenen substantiven Farbstoffes auf die Faser gebracht werden und die Menge aus der Tiefe der Färbung geschlossen werden. Außer substantiven Farbstoffen werden mitunter einige basische Farbstoffe teilweise auf die Faser ziehen, die eine besondere Neigung haben, etwas auf ungebeizte Faser zu gehen. Hier käme aber nur ein geringer Teil der Farbstoffe auf die Faser. Wird keine Anfärbung erhalten, so sind substantive Farbstoffe nicht vorhanden und es wird (2) mit Antimontannat gebeizte Baumwolle in einer neuen Probe der wässerigen neutralen Lösung kochend gefärbt, wie oben gereinigt und gemustert. Bei reiner Orseille wird wiederum die ursprüngliche Färbung der gebeizten Baumwolle erhalten. Sind basische Farbstoffe zugegen, so erscheint die Baumwolle angefärbt und zwar in dem Maße des Vorhandenseins des oder der Farbstoffe. Bleibt auch hier die Faser ungefärbt, so fehlen auch basische Farbstoffe und es wird (3) ein Färbeversuch mit Garanzinestreifen ausgeführt. An Stelle von Garanzinestreifen, die sich für vorliegenden Zweck am besten eignen, kann auch gewöhnliche eisen- oder tongebeizte Faser benutzt werden. Man verwendet wiederum wässerige, neutrale Farblösung, erhitzt zum Kochen, kocht kurze Zeit, spült und reinigt wie oben. Bei Gegenwart von Beizenfarbstoffen werden die beizenbedruckten Streifen angefärbt, während die unbedruckten Zwischenstreifen ungefärbt bleiben. Gleichzeitig werden die eisen- und tongebeizten Streifen in verschiedenen Farbtönen angefärbt, bei Blauholz die ersteren z. B. nach schwarz hin, die letzteren nach rotviolett hin.

Falls auch die Garanzinestreifen ungefärbt bleiben, so ist die Anwesenheit aller drei Gruppen, der substantiven, der basischen und der adjektiven Farbstoffe ausgeschlossen und es kommen in letzter Linie nur noch saure Farbstoffe in Frage. Besonders zu beachten ist, daß die substantiven Farbstoffe nicht nur die ungebeizte Faser, sondern auch tannierte und metallisch gebeizte Faser anfärben.

Das Auffinden der sauren Farbstoffe gehört zu dem schwierigeren Teil der Prüfung. Die sauren Farbstoffe können verschiedener Natur sein und sich deshalb auch chemisch und färberisch verschieden voneinander verhalten. Säurefuchsin, Säureviolett, Rotviolett, Violamin, u. a. Sulfosäuren lassen sich oft schon in bequemer Weise durch die Zinnsalzreaktion scharf nachweisen. Saure Azofarbstoffe dagegen werden durch Zinnsalz zugleich mit der Orseille zu farblosen Reduktions- und Spaltungsprodukten reduziert und werden auf diese Weise nicht nachgewiesen werden können. Da auch sonstige scharfe chemische Kennzeichnungen derselben meist fehlen (wenigstens in den Verdünnungsverhältnissen), so bleibt nichts anderes übrig, als dieselben durch feinere koloristische Mittel von den Hauptbestandteilen der Farblösung zu trennen. So habe ich beispielsweise die Beobachtung gemacht, daß im allgemeinen die Verwandtschaft dieser Farbstoffe zur Wollfaser in schwach essigsaurem Bade eine geringere ist, als diejenige des Orseillefarbstoffes. Es muß deshalb bei geeigneter Ausfärbung eine Entmischung stattfinden, d. h. das Verhältnis der Zusammensetzung ändert sich durch die Ausfärbung und zwar in dem Sinne, daß die zurückbleibende Brühe nur noch sehr wenig Orseillefarbstoff, dafür aber den größten Teil des betreffenden sauren Zusatzfarbstoffes enthalten wird. Man wird hierdurch in die Lage versetzt, den Zusatzfarbstoff in der Restbrühe entweder durch chemische Reaktionen, oder durch erneute Ausfärbung von frischem Wollmaterial mit weit größerer Genauigkeit nachzuweisen, als es in der ursprünglichen Lösung möglich war. Da bei richtig geleiteter Ausfärbung des Orseilleauszuges auf Wolle in essigsaurem Bade und bei 5 % vom Gewicht der Wolle die Orseille obendrein fast vollständig auszieht, so sind die Bedingungen noch recht günstig zu nennen. Die Farbrestbrühe wird nun entweder als solche weiter geprüft (s. u. 5), oder zu einer Nachfärbung benützt, bezw. beides ausgeführt. Eine frische Wollprobe wird zunächst ohne weitere Zusätze in dem schwach essigsauren Bade kochend ausgefärbt. Bei reiner Orseille findet nur ganz geringe Anfärbung statt. Dann werden einige Tropfen verdünnter Schwefelsäure zugegeben und die Wolle weitergefärbt. Nunmehr zieht die Wolle die sauren Farbstoffe kräftig aus. Farbstoffe wie Säurefuchsin, bis dahin mehr oder weniger träge Begleiter, kommen erst hier richtig zur Geltung und erzeugen eine kräftig rote oder rosa Färbung, je nach der vorhandenen Menge, während reine Orseille die Wolle nur kaum sichtbar anfärbt. Zum Schluß werden die Ausfärbungen durch chemische Reaktionen (s. u. 5) zu erkennen gesucht. — Außer den sauren Farbstoffen verbleiben in derselben Farbrestbrühe die bereits in der Vorprüfung nachgewiesenen basischen, substantiven und adjektiven Farbstoffe. Ihr Nachweis erfolgt genau wie in der ursprünglichen Farblösung durch Ausfärben von ungebeizter, tannierter und metallisch gebeizter Baumwollfaser als Nachfärbung und ist im allgemeinen als recht sicher zu bezeichnen. Bei Mischungen von Farbstoffen verschiedener Klassen treten nicht leicht zu bewältigende Verwicklungen ein. Doch wird es sich fast immer um den Fälschungsnachweis im allgemeinen handeln und man wird sich meist damit begnügen können, dieses grundsätzlich festgestellt zu haben und vielleicht die Haupteigenschaften der Zusatzfarbstoffe etwas näher zu charakterisieren.

Manche saure Farbstoffe ziehen aber wieder zusammen mit der Orseille recht kräftig im essigsauren Bade auf die Wolle und es gelingt nicht, sie in genügender Weise zu trennen. Hier hat sich aber dafür eine Reaktion bewährt, den Fremdfarbstoff auf der Faser selbst nachzuweisen. Während mit Zinnsalz oder mit Titanchlorür sich auch unverkennbare Unterscheidungsmerkmale finden ließen, so sind diese Reagentien doch nicht einer so allgemeinen Anwendung fähig, wie Hydrosulfit. Wird die Färbung mit 10 %iger Hydrosulfitlösung NF conc. (Farbwerke vorm. Meister Lucius & Brüning, Höchst a. M.) erhitzt, so werden die Unterschiede in der Reduktionsgeschwindigkeit nicht sehr deutlich wahrgenommen. Das Gefühl der Sicherheit kommt hierbei nicht auf. Durch Abänderung der Versuchsanordnungen ist es aber gelungen, den Nachweis sicherer zu führen. Die Abänderung besteht darin, daß man statt der neutralen wässerigen Hydrosulfitlösung, heiß, eine schwach essigsaure Lösung, kalt, verwendet, das „Hydrosulfit B" von Green. Man gibt zu 200 ccm 10 %iger Hydrosulfitlösung (NF conc. Höchst) 1 ccm Eisessig, überschüttet mit diesem Reagens die gefärbte Wollprobe, läßt kalt stehen und beobachtet. Nach 1 Stunde ist die reine Orseillelösung fast, nach $1\frac{1}{2}$—2 Stunden glatt entfärbt, während die mit sauren Farbstoffen versetzten Orseillelösungen eine Färbung liefern, die der Einwirkung obiger Reduktionslösung weit anhaltender widersteht. Selbst mit Zinnsalz und Titanchlorür sofort reduzierbare Farbstoffe, wie Echtsäurefuchsin u. a., bleiben auf der Faser noch nach vielen Stunden erkennbar, wenn die reine Orseillefärbung schon längst entfärbt ist. Und noch nach ganzen Tagen behält die Wollfaser bei vielen Farbstoffen einen leichten, aber deutlich sichtbaren rötlichen Schein. Diese Beobachtung ist schon um deswillen auffallend, als kalte wässerige Hydrosulfitlösung (ohne Essigsäurezusatz) beide Vergleichsfärbungen in genau derselben Zeit und Weise entfärbt und sich für Unterscheidungszwecke als unbrauchbar erwiesen hat.

4. Reaktionen und färberisches Verhalten der Farbrestbrühe.

Bei der Beurteilung der Farbrestbrühe ist es zunächst von Wichtigkeit, festzustellen, ob sie deutlicher gefärbt ist, als die Brühe der reinen Orseille, welche nur ein ganz schwach rötlich gefärbtes Bad hinterläßt. Die Reaktionen selbst sind nicht von sehr großer Schärfe, weil in der Regel zu wenig Farbstoff in der Lösung enthalten ist. Doch genügen mitunter schon geringe Verschiebungen nach gelb oder nach blau, wie es z. B. bei den Säurereaktionen der Fall ist; ebenso charakteristisch ist die Unveränderlichkeit der roten Farbe, in Fällen in denen reine Orseille z. B. nach blau umschlägt usw. Wichtiger als die Reaktionen ist das färberische Verhalten der Restlösung. Bei Gegenwart von substantiven Farbstoffen wird wie in der ursprünglichen

Lösung ungebeizte Baumwolle, bei Anwesenheit von basischen Farbstoffen — tannierte Faser, bei Vorhandensein von Beizenfarbstoffen — metallisch vorgebeizte Faser angefärbt. Auf alle Fälle wird fast immer durch die Wollfärbung eine Entmischung erzeugt, indem der Zusatzfarbstoff in der Restbrühe in konzentrierterer Form vorliegt, als in der ursprünglichen Lösung. Bei sauren Farbstoffen wurde ein verschiedener Verlauf beobachtet. Die einen Farbstoffe ziehen mit der Orseille fast gleich stark auf und hinterlassen kein merklich verstärktes Anilinfarbstoffbad, die anderen bleiben zum größten Teil im Bade zurück und können auf Zusatz von ein paar Tropfen verdünnter Schwefelsäure auf frisches Wollgarn aufgefärbt werden; hier ziehen sie kräftig auf und bilden einen scharfen Gegensatz zu reiner Orseille. — Die Nachfärbung bei reiner Orseille ergibt ein ganz schwaches Rosa; auf Zusatz von Ammoniak zur frischen, noch nassen Ausfärbung schlägt die Farbe sofort in blau um. Verfälschte Orseillen geben keinen so deutlichen Umschlag nach blau, sondern bleiben röter. Bei einigen Farbstoffen, die durch Ammoniak entfärbt werden, tritt wiederum ein starker Farbenrückgang ein. Da Orseillefärbung, die nach der Ammoniakbehandlung blau erscheint, nach dem Waschen und Trocknen wieder rosa wird, empfiehlt es sich, die Vergleichsmusterung nicht im getrockneten, sondern im nassen, ammoniakalischen Zustande vorzunehmen; nur dann tritt ein deutlicher Unterschied zutage.

a) Hauptfärbungen.

	Aussehen	Konz. H_2SO_4	NaOH NH_3	HNO_3 verd.	$SnCl_2 + HCl$
1. Reine Orseille	fast farblos	hell orange	hell blauviolett	röter	entfärbt
2. + Fuchsin	deutlich rot	gelber als 1	blauviolett	fast unverändert	gelblich
3. + Safranin	deutlich rot	blauer als 1	nur Spur blauer, fast unverändert rot	fast unverändert	langsamer entfärbt als 1
4. + Säurefuchsin	stark rot	wie 1	blauviolett	fast unverändert	fast unverändert
5. + Benzopurpurin	deutlich rot	—	—	—	—
6. + Hämatin	deutlich rot	—	—	—	—

b) Nachfärbungen.

1. Reine Orseille.　Färbt Baumwolle nicht an, Wolle nur spurenweise. Die Nachfärbung reagiert wie Spuren reiner Orseille.

2. + Fuchsin.　Färbt tannierte Baumwolle deutlich rot, Wolle wird schwach angefärbt. Die Nachfärbung reagiert nicht wie reine Orseillefärbung; mit Säuren rötlichbraungelb.

3. + Safranin.　Färbt wie 2 tannierte Baumwolle deutlich rot an. Die Nachfärbung reagiert nicht wie reine Orseillefärbung, mit Säuren blauer, mit Natronlauge röter.

4. + Säurefuchsin.　Färbt Baumwolle nicht an. Auf frischer Wolle gefärbt, zieht nur sehr schwach aus; auf Zusatz von ein paar Tropfen verdünnter Schwefelsäure wird deutliche Färbung auf Wolle erhalten. Reaktionen entsprechen nicht denjenigen

der reinen Orseillefärbung, z. B. bleibt die Farbe durch Zinnsalz-Salzsäure un-
verändert.

5. + Benzopurpurin.   Färbt ungebeizte Baumwolle deutlich rot an. Wenn das Färbbad zu stark sauer
war, so färbt besser nach Neutralisation mit etwas Soda und nach Zusatz von
etwas Glaubersalz oder Kochsalz an. — Reaktionen entsprechend.

6. + Hämatin.   Färbt metallisch vorgebeizte Baumwolle entsprechend an. Reaktionen entsprechen nicht der reinen Orseillefärbung.

5. Eingetrocknete Farbrestbrühe.

Deutlichere Reaktionen als bei der wässerigen Farbrestbrühe werden bei der freiwillig
(bei Zimmerwärme) eingetrockneten Restbrühe erhalten. Hier ist besonders charakteristisch
die Reaktion mit konzentrierter Schwefelsäure.

Beim Betupfen mit konz. Schwefelsäure wird:

1. Reine Orseille . . . . ziegelrot,
2. + Fuchsin . . . . . schmutzig grau-gelb-braun,
3. + Safranin . . . . . vorübergend grün, dann blaurot.
4. + Säurefuchsin . . . wie 2. schmutzig grau-gelb-braun.

6. Eingetrocknete ursprüngliche Farblösung.

Die Reaktionen sind im allgemeinen unzuverlässig und versagen infolge zu großen
Überschusses an Orseille. Nach dem Ausfärben von Wolle ist das Ergebnis günstiger, da
hier eine Entmischung stattfindet und mehr Zusatzfarbstoff vorliegt als in der ursprünglichen
Farblösung. Die Reaktionen gleichen im übrigen den mit der wässerigen Lösung angestellten; bei Gegenwart von Fuchsin tritt also ein Stich ins Gelbliche, bei Safranin — ins
Violette oder Bläuliche ein, bei Säurefuchsin findet eine deutliche Trübung des Farb-
tones statt.

7. Kranzbildung der auf dem Uhrglas eingetrockneten Lösungen.

Wird etwa 1 ccm der ursprünglichen Lösung auf dem Uhrglase freiwillig verdunsten
gelassen, so treten geringe Unterschiede in der Verteilung des Farbstoffes auf. Bei reiner
Orseille zieht sich fast der gesamte Farbstoff nach dem Rande hin und liefert einen deutlich gefärbten, violettroten Kranz. Die Mitte erscheint fast ungefärbt. Unter dem Mikroskop
erscheint die Mitte fast ungefärbt; nur sehr geringe Teilchen erscheinen hier gefärbt. Ebenso verhält sich eine mit Säurefuchsin gestellte Orseillelösung. Bei Fuchsin, Safranin,
Benzopurpurin usw. erscheint außer dem stark gefärbten äußeren Ring auch die Mitte
ziemlich kräftig gefärbt.

Obwohl diese Erscheinungen bei mehrfacher Wiederholung immer wieder eintraten,
sollten sie nicht entscheidend beurteilt werden; dagegen sind diese Erscheinungen geeignet,
Verdachtsmomente zu liefern.

8. Kapillaritätserscheinungen.

Eine Trennung auf Grund verschiedener Kapillaritätseigenschaften ließ sich bei den
meisten Farbstoffzusätzen nicht durchführen, so bei Fuchsin, Safranin, Benzopurpurin u. a. m.
Nur Säurefuchsin und eine Reihe anderer saurer Farbstoffe ließen Unterscheidungsmerkmale finden.

Wird 1 ccm Orseillelösung tropfenweise auf ein etwa 0,4 mm dickes Filtrierpapier fallen gelassen und das Papier dann 24 Stunden sich selbst überlassen, so erscheint nach dem Austrocknen bei Säurefuchsin und anderen Säurefarbstoffen ein deutlicher roter Ring des Säurefuchsins an der Peripherie des Kranzes, während die Orseille in der Mitte des Papieres zurückgeblieben ist. Die Reaktion ist außerordentlich charakteristisch und kann als Nachweis für Fremdfarbstoffe benutzt werden. Leider versagen, wie erwähnt, die meisten Farbstoffe. Außer Säurefuchsin ließen noch Säureviolett, Violamin u. a. einen allerdings nicht so deutlichen Unterschied erkennen. Bei reiner Orseille bleibt das eine Drittel des Kranzes fast ungefärbt, während die inneren zwei Drittel die Orseille enthalten. Säurefuchsin läßt einen starken äußeren Ring von Farbstoff auftreten, die anderen erwähnten Säurefarbstoffe liefern einen gleichmäßigen Verlauf des Farbstoffs vom Mittelpunkt bis zum Rand ohne farblose Endzone des Kranzes. Wieder andere verhalten sich wie Orseille. Nur bei positivem Ausfall des Versuches kann ein Schluß auf die Anwesenheit von Fremdfarbstoff gezogen werden.

9. Reduktionserscheinungen.

Reine Orseille wird leicht und glatt durch Bettendorfs Reagens (1 T. Zinnchlorür + 1 T. rauchende Salzsäure), durch Hydrosulfitlösung, durch Titanchlorür u. a. m. reduziert. Auf Grund dieser leichten und vollkommenen Reduktion des Orceins können vielfach Zusatzfarbstoffe aufgedeckt werden. In vielen Fällen kann aus der Reaktionsgeschwindigkeit auf Zusätze geschlossen werden. Man beobachtet in solchen Fällen beispielsweise zunächst eine Entfärbung des Hauptanteiles der Farbstoffe, dann tritt eine leichte Zwischenfärbung auf, die dann ihrerseits gleichfalls verschwindet. Die Dauer dieser Zwischenfärbung ist sehr verschieden: Sie kann Sekunden, sie kann aber auch Minuten, Stunden und Tage betragen. Aber auch selbst bei kurzer Dauer von wenigen Sekunden wird dem geübten Beobachter die Zwischenstufe nicht entgehen und ihm Veranlassung zu weiteren Nachprüfungen geben. Die Arbeitsbedingungen für das Zustandekommen einer möglichst augenfälligen Zwischenstufe sind für die einzelnen Farbstoffe sehr schwankende. Mitunter gelingt es mit heißer, auf 60, 65 oder 70 C⁰ erhitzter, neutraler Hydrosulfitlösung (NF konz. 10-proz.), mitunter gelingt es besser mit kalter, schwach essigsaurer Lösung (Hydrosulfitlösung B von Green: 200 ccm Hydrosulfitlösung NF konz. 10-proz. + 1 ccm Eisessig). Ferner eignet sich mitunter besser die Farblösung, mitunter eine Ausfärbung, auf welcher nicht selten die Zwischenfärbung recht lange zu beobachten ist, wie z. B. bei Echtsäurefuchsin. — Zinnsalz-Salzsäure und Titanchlorür, welche sich beide in der Reduktion fast gleich verhalten, erscheinen im allgemeinen nicht so geeignet wie Hydrosulfite.

Man ersieht aus obigem, daß der Nachweis von sauren Farbstoffen nicht immer nach einem feststehenden Plane geführt werden kann, und nicht immer so einfach ist. Man muß vielfach versuchen; man muß dann die ursprüngliche Farblösung, dann die Ausfärbung, dann wieder die Farbrestbrühe usw. auf Herz und Nieren prüfen und die charakteristischen Abweichungen gegenüber reiner Orseille feststellen. Auf solche Weise ließen sich in der Tat immer Unterschiede feststellen, die das eine Mal deutlicher, das andere Mal sehr gering waren. Immerhin wird man mit diesen Prüfungsverfahren fürlieb nehmen, wenn der Charakter der Zusatzfarbstoffe demjenigen der reinen Orseille so nahe kommt. Bei den basischen, substantiven und adjektiven Farbstoffen stehen einem sicherere und bequemere Wege zu Gebote.

10. Fällungs-Erscheinungen.

Eine untergeordnete Rolle bei der Aufdeckung der Verunreinigungen spielen die Fällungsreaktionen, weil die Zusätze in der Regel nur verhältnismäßig gering sind und die Fällungen durch die Hauptmenge des Orseillefarbstoffes unscharf gemacht werden; außerdem verursacht die Orseille selbst leicht Ausscheidungen. Es kommen in Frage: Fällungen von basischen Farbstoffen mit Tannin-Natriumazetat, Fällungen von substantiven Farbstoffen mit Säuren, mit Kochsalz u. ä. Bei Beobachtung gewisser Fällungen soll man möglichst immer Bestätigung auf anderem Wege suchen. Besonders unzuverlässig erscheint die Fällung von substantiven Farbstoffen mit Kochsalz, weil auch reine Orseille bei einer gewissen Salzkonzentration deutliche Fällung liefern kann.

11. Grenzen der Nachweisbarkeit.

Basische, substantive und adjektive Farbstoffe, sowie einige wenige Säurefarbstoffe, wie Säurefuchsin, lassen sich mit großer Schärfe nachweisen. Bei den drei ersten Gruppen geschieht dies am besten vermittels einer quantitativen Ausfärbung, bei Säurefuchsin durch Reduktion der Orseille vermittels Bettendorfs Reagens und kolorimetrische Prüfung des unzersetzten übrig gebliebenen Farbstoffes.

Die basischen Farbstoffe, wie Fuchsin, Violett, Safranin, welche im allgemeinen die größte Färbwirkung äußern und als wirksamste Verfälschungsfarbstoffe bezeichnet werden können, sind bis zu 0,02 % vom Gewicht der Orseille nachgewiesen worden, sodaß also ein Zusatz von 40—50 g Fuchsin oder Safranin auf ein Petrolfaß vermittels einer Ausfärbung auf tannierte Baumwolle nachweisbar ist. Hierbei wird nur noch eine schwache Reaktion erhalten; bei 0,05 % wird deutliche, bei 0,1 % starke, bei 0,2—0,5 % sehr starke Reaktion erhalten usw. Da Orseille die Baumwolle stark anfärbt, bezw. anschmutzt, so muß sie nach dem Färben recht sorgsam von der anhaftenden Orseille gereinigt werden. Dies geschieht am besten, wie schon geschildert, durch Spülen, Aufkochen der Ausfärbung im Reagensglase mit destilliertem Wasser, Zusetzen eines Drittels bis Viertels des Volumens von verdünnter Seifen-Sodalösung (5 g Marseiller Seife und 3 g kalzin. Soda im Liter), nochmaliges Aufkochen und Spülen. Hierbei wird reine Orseille völlig abgelöst, während die geringsten Spuren basischer Farbstoffe zurückgehalten werden und durch merkliche Rosa-Färbung erkannt werden können. In der gleichen Weise und mit derselben Schärfe werden auch substantive Farbstoffe in der Orseille nachgewiesen, mit dem Unterschiede nur, daß keine tannierte Baumwolle, sondern gewöhnliche ungebeizte, möglichst aber gebleichtes Material, zur Verwendung gelangt. Zwecks besseren Ausziehens wird dem Bade etwas Kochsalz oder Glaubersalz zugesetzt und so der gesamte Farbstoff auf die Faser gebracht. Auf solche Weise wurden gleichfalls Zusätze von 0,02 % vom Gewicht der Orseille, oder Zusätze von 40—50 g auf ein Faß, wahrgenommen. Die Deutlichkeit steigt etwa wie bei den basischen Farbstoffen.

In ähnlicher Schärfe werden auch Beizenfarbstoffe, z. B. Hämatin, in der Orseille erkannt. Man verwendet als Fasermaterial am besten die sogenannten „Garanzinestreifen". Anstatt in wässeriger, neutraler Lösung zu färben und die Orseille mit verdünnter Seifenlösung wieder abzuziehen, kann sofort in schwach seifenalkalischer Flotte kochend angefärbt werden. Die Orseille zieht hierbei überhaupt gar nicht auf, während Hämatin auf die bedruckten Streifen aufzieht. Auf diese Weise sind noch geringe Mengen, bis zu 0,1 % vom

Gewichte des Extraktes, gut erkennbar, wobei die eisenoxydgebeizten Streifen größere Empfindlichkeit zeigen, als die tongebeizten. Wenn die Eisenblauholz-Reaktion im Reagensglase und auf Filtrierpapier schon längst versagt hat (bei 1% Blauholzextrakt trocken), und auch die Zinnsalz-Säure-Reaktion (bei $0{,}5\% - 0{,}3\%$), gelingt der Nachweis vermittels der Ausfärbung noch recht gut bis $0{,}1\%$. In Zweifelsfällen wird ein und derselbe Abschnitt des Garanzinestreifens mehrmals nacheinander mit frischer Farblösung gekocht, der Blauholzfarbstoff wird dann durch die einzelnen Ausfärbungen auf der Faser aufgespeichert und dem Auge deutlicher sichtbar.

Aus der Stärke der Anfärbung von ungebeizter, tannierter und eisenbedruckter Baumwolle kann unmittelbar auf die Menge des vorhandenen Zusatzfarbstoffes geschlossen werden. Nötigenfalls wird mit künstlich versetztem Orseille-Extrakt nebenher vergleichsweise ausgefärbt.

Die Grenze der Nachweisbarkeit von sauren Farbstoffen ist sehr verschieden und hängt davon ab, inwieweit sich der betreffende Farbstoff bezüglich bestimmter Eigenschaften von dem Orseillefarbstoff, Orcein, unterscheidet. Vor allen Dingen kommen in Frage Verwandtschaft zu Wolle in schwach essigsaurem Bade, Reduktionsverhalten. Man wird von Fall zu Fall einzeln vorgehen müssen. Säurefuchsin, das sich durch ein besonders günstiges Verhalten zu Zinnsalz-Salzsäure auszeichnet, konnte noch bis zu $0{,}02\%$ vom Gewicht der Orseille deutlich und bis zu $0{,}01\%$ noch eben nachgewiesen werden. Man kann in solchen Fällen die Menge des Farbstoffes kolorimetrisch bestimmen, indem man für die Vergleichslösung eine verdünnte Säurefuchsinlösung verwendet. Da eine solche reine Säurefuchsinlösung stets etwas blauer erscheinen wird, als mit Säurefuchsin verfälschte Orseillelösung, kann entweder eine Orseille-Säurefuchsin-Lösung als Vergleichslösung dienen, oder man stellt den erhaltenen Ton der Orseille durch Zusatz von einem geeigneten Gelb (z. B. Naphtholgelb) her. Für annähernde Schätzungen oder für geübte Augen wäre eine solche Einstellung nicht einmal immer notwendig.

12. Der Nachweis der Orseille-Verfälschungen nach in der Literatur beschriebenen Verfahren.

Breinl weist Säurefuchsin nach, indem er 1—2 g Orseille-Extrakt oder Persio mit 100 ccm Wasser aufkocht, filtriert und 15—20 ccm einer Zinnsalz-Salzsäurelösung (10 g Zinnzalz $+$ 25 ccm konz. Salzsäure $+$ 50 ccm Wasser) zusetzt und wieder aufkocht. Ist die Lösung, nachdem sie mehrere Minuten gekocht hat, nur gelb oder gelblichbraun, so ist kein Säurefuchsin zugegen; ist die Flüssigkeit dagegen rot oder rotviolett, so ist Säurefuchsin, Rotviolett usw. zugegen. — An Stelle der Breinlschen verdünnten Zinnsalzlösung verwendet man besser das Bettendorfsche Reagens, eine konzentrierte Zinnsalz-Salzsäurelösung (1 T. Zinnsalz $+$ 1 T. Salzsäure sp. Gew. $1{,}19$). Die Reaktion mit dieser letzteren geht ohne Erwärmen schneller und sicherer von statten (s. o.). Es ist noch zu bemerken, daß auch Blauholz (das als Verfälschungsmittel heute praktisch nicht mehr in Betracht kommt) und manche andere nicht reduzierbare Farbstoffe eine rote Lösung hinterlassen.

Breinl weist ferner Fuchsin, Cerise, Grenadin, Safranin nach, indem er 1 g des Musters in 25 ccm absolutem Alkohol löst, mit Wasser zu 100 ccm verdünnt und den Orseillefarbstoff mit 10 ccm Bleiacetatlösung (spez. Gew. $1{,}26 = 30$ Bé°) fällt und filtriert. Ist das Filtrat klar und farblos, so ist kein Fuchsin vorhanden, bei karmesinroter Färbung mit gelber Fluoreszenz ist Safranin, bei roter Färbung ohne Fluoreszenz ist Fuchsin, Cerise,

Grenadin usw. vorhanden. — Die Nachprüfung dieser Vorschriften ergab, daß erwähnte Farbstoffe in der Orseille wohl eine deutlichere Rotfärbung des Filtrates bedingen als reine Orseille, daß aber auch reine Orseille kein farbloses Filtrat liefert, demnach mitunter sehr schwer zu entscheiden ist, ob eine Verfälschung vorliegt oder nicht. Versuche mit wässeriger anstatt mit alkoholischer Lösung ergaben eine etwas vollkommenere Ausfällung des Orceins. Es wurde aber noch nicht ein farbloses Filtrat erhalten, sodaß die Vorschriften Breinls nicht zuverlässig und scharf genug erscheinen. Ganz entschieden sicherer und schärfer arbeitet man durch Wahlfärbung von tannierter Baumwolle und nachträgliches Auskochen mit verdünnter Seifen-Sodalösung, wobei (s. o.) noch Zusätze von 0,02 % nachgewiesen werden.

Azofarbstoffe bestimmt Breinl ferner in Orseille, indem er 1 g des Musters mit 100 ccm Wasser kocht und das Filtrat mit Kochsalz aussalzt. Etwaiger Niederschlag wird filtriert und auf dem Filter mit wenig Natronlauge haltender gesättigter Kochsalzlösung gewaschen, bis das Filtrat farblos abläuft, wodurch etwaig mitgefälltes Orcein wieder gelöst werden soll. Der Filterrückstand wird in heißem Wasser gelöst und im Reagensglase vorsichtig mit konzentrierter Schwefelsäure versetzt, sodaß sich diese am Boden ansammelt. Eine nun entstehende violette, grüne oder blaue Zone deutet auf Azofarbstoffe, die auf Wolle ausgefärbt und weiter geprüft werden können. Eine braune oder rotbraune Zone deutet auf Teile ungelöst gebliebenen Orceins hin. — Bei der Nachprüfung erwies sich dies Verfahren als grundsätzlich durchführbar; es ist aber für den Nachweis von geringen Mengen (1 % vom Orseille-Extrakt) zu plump und versagt daselbst. Geringe Mengen Azofarbstoff ließen infolge mitgefällten Orceins sich weder rein darstellen, noch wurde klare Reaktion mit Schwefelsäure erhalten, noch deutliche Ausfärbung des Azofarbstoffteiles. Das eingangs erwähnte koloristische Verfahren der Wahlfärbung ist dem Breinlschen an Schärfe und Einfachheit weit überlegen.

Kertèsz weist Säurefuchsin nach, indem er eine sehr verdünnte wässerige Lösung des Extraktes mit Benzaldehyd und dann mit Zinnsalz und Salzsäure (in gleichen Mengen) versetzt, gut schüttelt und einige Minuten stehen läßt. Bei Gegenwart von Säurefuchsin wird die untere Schicht fuchsinrot gefärbt, andernfalls bleibt sie farblos. — Der Nachweis von Säurefuchsin nach diesem komplizierten Verfahren gelingt allerdings. Es ist aber durchaus unverständlich, zu welchem Zwecke die Einführung eines dritten Körpers, des Benzaldehyds, notwendig oder zweckmäßig erscheint, da ja die Reaktion in der einfachsten Weise mit Zinnsalz-Salzsäure (s. o.) vor sich geht und die geringsten Spuren aufdeckt.

Crossley weist Fuchsin nach, indem er eine kleine Menge des getrockneten und gepulverten Musters auf weißes Filtrierpapier legt und mit einigen Tropfen Anilinöl übergießt. Bei Anwesenheit von Fuchsin soll es sich sofort lösen und das Papier anfärben, während reine Orseille nur ganz allmählich eine blaßrosa Färbung ergeben soll. In der Tat konnte beobachtet werden, daß sich Fuchsin etwas schneller in Anilinöl löste als Orcein. Der Unterschied bei geringen Verunreinigungen ist aber so unbedeutend, daß sich hierauf keine bestimmte Aussage aufbauen ließe. Etwas bessere, aber für geringe Mengen immer noch nicht genügende Ergebnisse wurden erhalten, als gepulverte Orseille in kleinem Porzellanschälchen mit ein paar Tropfen Anilinöl angeteigt und ein Streifen Filtrierpapier mit einem Ende in die feuchte Masse eingelegt wurde. Bei Anwesenheit von Fuchsin erscheint das Papier nach 24 Stunden rot bis rosa gefärbt, während bei reiner Orseille das Papier fast farblos bleibt. Immerhin bleibt die Schärfe dieser Reaktion weit hinter der durch Ausfärbung von tannierter Baumwolle erzielten zurück.

Planmäßiger Gang der Orseilleuntersuchung.

10 ccm des Extraktes werden zu 1 Liter mit destilliertem Wasser gelöst.

Ungebeizte, gebleichte Baumwolle wird mit der Lösung gekocht, alsdann gut gespült, mit destilliertem Wasser aufgekocht und $\frac{1}{3}$—$\frac{1}{4}$ Volumen einer Seifensodalösung (5 g Marseiller Seife + 3 g calcin. Soda im Liter) zugegeben und nochmals aufgekocht; zuletzt gespült.

<table>
<tr>
<td rowspan="7">Die Baumwolle wird rot oder rosa angefärbt. Die gefärbte Baumwolle liefert mit konz. Salz- oder Schwefelsäure meist Farbenumschläge nach blau und grün. — Durch erneute Ausfärbung im Kochsalzbade wird stärkere Färbung erhalten als im wässerigen Bade. — Fällung, bezw. Trübung der ursprünglichen Farblösung mit Salzsäure u. a. m.
———
Substantive oder Salzfarben.
(Benzo-, Diamin-, Dianil-, Oxamin-, Baumwoll-, Direkt-, Columbia-, Chicago-, Chloratin-, Kongo-, Toluylen-, Diphenyl-, Hessisch-Rots usw.)
———
Nachweisgrenze bis zu 0,02 %.</td>
<td colspan="7">Die Baumwolle wird nicht angefärbt oder kaum angeschmutzt. — Erneutes Ausfärben von mit Tannin und Brechweinstein vorgebeizter Baumwolle. Spülen, Reinigen wie oben mit verdünnter Seifensodalösung.</td>
</tr>
<tr>
<td colspan="7">Die Baumwolle wird nicht angefärbt oder nur schwach angeschmutzt. — Erneutes Ausfärben von Garanzinestreifen, kochend; Reinigen und Spülen wie oben mit verdünnter Seifensodalösung.</td>
</tr>
<tr>
<td rowspan="5">Die Baumwolle wird rot oder rosa angefärbt. — Einzelreaktionen der ausgefärbten Baumwolle.
———
Basische Farbstoffe.
(Triphenylmethan-, Diphenylnaphtylmethanfarbstoffe wie Fuchsin, Neufuchsin, Cerise, Grenadin; Safranine, Pyronin-, Akridin-, Azin-, Oxazin-, Thiazinfarbstoffe usw.)
———
Nachweisgrenze bis zu 0,02 %.</td>
<td rowspan="5">Die eisen- und tonbedruckten Streifen werden angefärbt. — Einzelreaktionen der angefärbten Streifen.
———
Adjektive und beizenziehende Farbstoffe.
(Beizenziehende Azofarbstoffe, Oxyketonfarbstoffe, Naturfarbstoffe wie Blauholz und Rotholz).
———
Nachweisgrenze bis zu 0,02 %.</td>
<td colspan="5">Die Garanzinestreifen bleiben ungefärbt. — Versetzen der Lösung mit $\frac{1}{3}$ Volumen Bettendorfs Reagens (1 Teil Zinnchlorür + 1 Teil rauch. Salzsäure). — Kapillaritätsprüfung.</td>
</tr>
<tr>
<td rowspan="4">Die Lösung bleibt rot, rosa oder wird langsamer entfärbt als reine Orseille.
———
Ein Teil der sauren Farbstoffe.
(Säurefuchsin, Rotviolett, Säureviolett, Violamin usw.)
———
Nachweisgrenze bis zu 0,02 %.</td>
<td colspan="4">Die Lösung entfärbt sich schnell in der Kälte wie reine Orseillelösung. — Versetzen der Lösung mit Hydrosulfitlösung A, warm bis heiß (10 %ige Lösung von Hydrosulfit NF konz.) und Hydrosulfit B (schwach essigsaure Lösung), in der Kälte stehen lassen.</td>
</tr>
<tr>
<td rowspan="3">Lösung bleibt länger rot oder rosa als reine Orseille.
———
Ein Teil der sauren Farbstoffe.
———
Nachweisgrenze bis zu 0,02 %.</td>
<td colspan="3">Lösung wird ebenso schnell entfärbt wie reine Orseillelösung. — Ausfärben der Wolle mit 5 % Extrakt in essigsaurer Lösung.</td>
</tr>
<tr>
<td rowspan="2">Färbbad bleibt deutlich rot oder rosa gefärbt. Das Rückstandsbad wird mit frischer Wolle kochend behandelt; ein Teil unter Zusatz einiger Tropfen verdünnter Schwefelsäure. Die Wolle färbt sich hierbei deutlich rot bis rosa an. — Ammoniakreaktion. — Einzelreaktionen des Rückstandsbades und des Trockenrückstandes. Säurereaktion.
———
Ein Teil der sauren Farbstoffe.</td>
<td colspan="2">Das Färbbad zieht ganz oder nahezu ganz aus. — Prüfung der gefärbten Wolle mit Zinnsalz, Titanchlorür, Hydrosulfit A und B, heiß und kalt.</td>
</tr>
<tr>
<td>Färbung wird zum Teil reduziert. Ein Teil der Restfärbung bleibt länger bestehen.
———
Ein Teil der sauren Farbstoffe.</td>
<td>Färbung wird gleichmäßig ohne auftretende Zwischenzone entfärbt.
———
Orseille rein.
Frische Wollfärbung wird durch kalte Hydrosulfitlösung B in 1 bis 2 Stunden völlig entfärbt.</td>
</tr>
</table>

Quantitativ will Crossley nennenswerte Mengen Fuchsin bestimmen, indem er die wässerige Lösung filtriert, zur Trockne dampft, mit konzentriertem Ammoniak digeriert und bis zur Farblosigkeit des Filtrates nachwäscht. Die auf dem Filter zurückbleibende Rosanilinbase löst er in Alkohol, trocknet und wägt. — Praktisch dürfte heute eine Verfälschung mit derartigen Zusatzmengen von Fuchsin kaum vorkommen. Aber auch dann dürfte eine quantitative Ausfärbung von tannierter Baumwolle schneller und sicherer zum Ziele führen.

Der allgemein empfohlene und bekannte Nachweis von Azofarbstoffen durch Aufblasen von getrocknetem und gepulvertem Farbstoff auf konzentrierte Schwefelsäure, wobei gegebenen Falles blaue, grüne usw. Streifen auftreten, gelingt nicht immer in gleicher Weise und ist immer von der Menge des Zusatzfarbstoffes abhängig. Der Nachweis gelingt weit besser, wenn die Orseille zuvor durch Wahlfärbung entmischt worden ist, z. B. durch Ausfärbung von Wolle in schwach essigsaurem Bade (s. a. o. Nr. 5 und 6).

Liebmann und Studer bestimmen Fuchsin und Säurefuchsin, indem sie 1 g des Musters mit 100 ccm Wasser kochen, abkühlen lassen und mit schwefliger Säure sättigen, wobei Orcein ausfällt. Wenn dann die Lösung mit Azeton versetzt wird, so färbt sie sich bei Gegenwart von Fuchsin und Säurefuchsin nach mehreren Minuten violett, während sie bei reiner Orseille ungefärbt bleibt. — Nach angestellten Versuchen erwies sich das Verfahren schon um deswillen nicht scharf genug, weil keine vollständige Entfärbung der Orseille durch Sättigen mit schwefliger Säure erreicht werden konnte. Es konnte wohl ein Unterschied zwischen reiner und mit Fuchsin versetzter Orseille festgestellt werden — bei Säurefuchsin war der Unterschied nur gering —, da derselbe aber nur ein in der Höhe verschiedener (gradueller) und kein grundsätzlicher ist, so wird das Verfahren bei geringeren Zusatzmengen versagen müssen.

Leeshing weist Blauholz und Rotholz nach, indem er 50 Tropfen Extrakt mit 100 ccm Wasser verdünnt, mit Essigsäure schwach ansäuert, 50 Tropfen Zinnsalzlösung (1 : 2) zusetzt und zum Sieden erhitzt. Hierbei wird reine Orseille fast farblos, während mit Blauholz oder Rotholz verfälschte Orseille blaugrau bis rot bleibt. Diese Prüfung kann gleichfalls ganz wesentlich vereinfacht werden, indem statt der verdünnten Zinnsalzlösung und der Einwirkung in der Hitze einfach das Bettendorfsche Reagens in der Kälte angewandt wird. Blauholz und Rotholz hinterlassen eine rote bis violettrote Färbung, reine Orseille wird entfärbt. Der Charakter des Zusatzfarbstoffes wird hierdurch aber keineswegs aufgedeckt, da ja auch Säurefuchsin und andere Farbstoffe eine rote Lösung hinterlassen können. Zur Aufklärung des Farbstoffcharakters muß dann immer ergänzend eine Ausfärbung ausgeführt werden, und erst die Anfärbung der metallbedruckten Streifen der Garanzinestreifen wird die Gegenwart von Blauholz, bezw. einem adjektiven Farbstoff beweisen.

4. Über das Anlaufen von Goldfäden in Stickereien und Geweben.

Von Dr. P. Heermann, ständiger Mitarbeiter der Abteilung 3 für papier- und textiltechnische Prüfungen.

Das Amt hatte vor kurzem Gelegenheit, Prüfungen über das Anlaufen von Goldfäden anzustellen. Es handelte sich um ein Uniformstück (roter Kragen und Ärmelaufschlag) mit silber-vergoldeter Stickerei, die an zahlreichen Stellen schwarz angelaufen war. Die Prüfung ergab, daß der rote Stoff Schwefelverbindungen enthielt, auf deren Vorhandensein das Anlaufen der Stickerei mit großer Wahrscheinlichkeit zurückzuführen ist.

Da solche Fälle durchaus nicht vereinzelt vorkommen, im Gegenteil Fabrikant, Konfektionär, Händler von Goldgespinsten, -Webartikeln, -Stickereien und anderen Goldfäden-Erzeugnissen unausgesetzt mit Schwierigkeiten zu kämpfen haben, die ihnen durch das Anlaufen von Goldfäden entstehen, erscheint es angebracht, die Umstände, die dabei in Betracht kommen, im Zusammenhange zu schildern.

Das im Handel kurzweg „Gold" benannte Metall ist nur zu einem Teil echt[1], · zu einem anderen Teil unecht („leonisches" Gold). Die Wahl des einen oder des anderen richtet sich ganz nach der Verwendungsart, der Bestimmung und dem Wert des betreffenden Garderobe-, Putz-, Besatz-, Band-Stückes usw. Unechtes oder leonisches „Gold" besteht aus einer stark kupferhaltigen Legierung, einer Art Messing oder Bronze, echtes „Gold" — meist aus galvanisch vergoldetem Silber (für besondere einzelne Zwecke wird auch feuervergoldetes Silber verwandt). In ähnlicher Weise wird zum Bedrucken von Bändern, Trauerschleifen u. ä. unechtes und echtes Blattgold verwendet. Hiernach unterscheidet man das „Anlaufen" des „Goldes" beim unechten in „Grünanlaufen" und „Schwarzanlaufen", beim echten nur in „Schwarzanlaufen". Beim echten Blattgold, das keine schwarzanlaufenden Metalle enthält, ist naturgemäß auch das Anlaufen ausgeschlossen, es sei denn „Mattanlaufen", das lediglich auf mechanische Oberflächenverunreinigungen durch Fett-, Staubteile u. ä. zurückzuführen ist und mit dem eigentlichen Anlaufen, das infolge chemischer Veränderungen des Metalles zustande kommt, in keinem inneren Zusammenhange steht.

Die normale Lebensdauer der Goldfäden (bzgl. des Anlaufens) ist an sich — ohne Zutun der betreffenden damit in Berührung stehenden Textilien — äußerst schwankend und hängt sowohl von der „Echtheit" des Goldes, als auch von der Verwendungsart und der Beanspruchung ab. Unechtes Gold wird immer eher anlaufen müssen, als echtes, d. i. vergoldetes Metall, welch letzteres nur dann dem Anlaufen unterliegen kann, wenn die Goldhülle stellenweise nicht dicht genug, durch den Gebrauch abgenutzt ist oder wenn das untergelagerte Metall durch stärkere chemische Einflüsse angegriffen wird. Von den Bestandteilen der Atmosphäre, den menschlichen Sekreten und Stoffwechselprodukten, sowie den chemisch wirksamen Stoffen des täglichen Lebens kommen für echtes Gold eigentlich nur der Schwefelwasserstoff in Frage; während bei unechtem Gold außerdem eine große Anzahl anderer wirksamer Stoffe zu berücksichtigen ist: der Schweiß, der Harn, saure Stoffe des täglichen Lebens wie Essig u. ä. Die allgemeinen Bedingungen für eine gute Erhaltung

---

[1] „Echtes" Gold ist wiederum von „reinem" oder „massivem" Gold zu unterscheiden.

des echten Goldes sind deshalb recht günstige, weil Schwefelwasserstoff in genügender lokaler Einwirkungsstärke und scharfe chemische Eingriffe zu den Ausnahmen gehören, vorausgesetzt, daß die Vergoldung nicht durch mechanische Beanspruchung zum Teil entfernt worden ist. Im letzteren Falle treten die erwähnten unliebsamen Erscheinungen allerdings verhältnismäßig leicht ein. Dahingegen sind die Bedingungen für die Erhaltung von unechtem Gold wesentlich ungünstiger und Grün- oder Schwarzanlaufen gehört da — auch ohne Zusammenwirken mit den in Berührung stehenden Textilien — nicht gerade zu den Seltenheiten.

Ganz abgesehen von dem natürlichen Anlaufen des Goldes wird bei Prüfung der Frage, worauf in einzelnen Fällen das Anlaufen zurückzuführen sei, nicht nur bei unechtem, sondern auch ganz besonders bei echtem Gold das Augenmerk in erster Linie auf die damit in Berührung stehenden Textilfasern zu richten sein. Sind doch gerade hier die ungünstigsten Bedingungen gegeben, welche das Anlaufen im höchsten Grade befördern müssen: dauernde Berührung und örtliche Einwirkung in verhältnismäßig größter Konzentration. Erwägt man ferner, daß die Textilveredelungsindustrie zu ihren wertvollsten Hilfsmitteln eine große Reihe von Stoffen nicht entbehren kann, welche jenes Anlaufen verschulden können, so genügt nur noch eine ungenügende Entfernung bezw. Zerstörung jener Stoffe vor Herausgabe in den Verkehr, um die Voraussetzungen für das Anlaufen des Goldes zu erfüllen. Es seien vor allem die verschiedensten organischen und anorganischen Säuren, Schwefelverbindungen u. ä. erwähnt, deren der Färber nicht entraten kann und die mitunter mit einer so großen Verwandtschaft zu der Faser ausgestattet sind, daß völliges Auswaschen kaum möglich erscheint und schon zu einer Umsetzung gegriffen werden muß, um die letzten wirksamen Spuren zu entfernen. Man denke an die Affinität der tierischen Fasern zu den Säuren, das Festhaltungsvermögen für schweflige Säure, Chlor, Schwefelalkali, an die Zersetzung der Seifen zu freier Fettsäure u. a. m.

Während meiner langjährigen Praxis in der Textilindustrie hatte ich vielfach Gelegenlegenheit, mich mit diesen Fragen zu beschäftigen und eine große Reihe von Versuchen und Prüfungen anzustellen. Besonders war es das unechte Gold, welches die größten Schwierigkeiten bereitete und für dessen Verarbeitung ich s. Z. Vorschriften ausarbeitete, die für die Praxis der betreffenden Werke eingeführt wurden. In Betracht kamen vor allem Baumwolle schwarz und farbig, merzerisiert und nicht merzerisiert, Eisengarn, Seide und Schappe, weniger Wolle. Die der Färberei vorgeschlagenen Vorschriften für die Färbungen, die für unechtes Gold bestimmt sind, sind im wesentlichen folgende gewesen. 1. Der Gebrauch von Schwefelfarbstoffen (Sulfinfarbstoffen, nicht gemeint sind andere schwefelhaltige Farbstoffe wie die Thiazinfarbstoffe, schwefelhaltige Diazoamidofarbstoffe wie Nitrophenin, Thiazolgelb u. a. m.) ist zu unterlassen. Der Gebrauch von Schwefelalkali ist nicht gestattet. 2. Nach dem sauren Färben muß außer einer gründlichen Wäsche eine Neutralisation mit Soda, Ammoniak, Bikarbonat o. ä. erfolgen. 3. Die bei dem Färben gebrauchte Seife soll gründlich entfernt werden. 4. Etwa in der Faser niedergeschlagene Fettsäure ist durch ein kräftiges alkalisches Bad, wenn nötig unter Zuhilfenahme von Tetrapol zu entfernen. 5. Bei Anwendung von Hydrosulfit, Thiosulfat und Sulfit, bezw. schwefliger Säure und anderen Schwefelverbindungen sind diese Bestandteile zu entfernen. 6. Die Faser darf nicht oder, wenn nötig, nur sehr schwach geölt werden; Paraffinbehandlung von Eisengarn ist, da unerläßlich, gestattet. — Die Prüfungen von „metallecht" (wie diese Eigenschaft in der Praxis der Kürze halber oft, wenn auch nicht ganz korrekt, bezeichnet wird) gefärbter Ware hätte sich demgemäß auf etwa folgendes zu erstrecken: 1. Schwefelfarbstoffe, Schwefelreaktion im wässerigen Auszuge, Schwefelreaktion beim Erwärmen mit Säuren, Schwefelreaktion im Sublimate (trockenes Erhitzen mit überlagertem Bleipapier), Wickelprobe mit Blattsilber oder Blattkupfer. 2. Prüfung des wässerigen Auszuges auf saure Reaktion, gegebenen Falles auf Mineralsäure. 3. Prüfung auf Gesamtfett und freie Fettsäure. Zu 1 und 2 sollen einwandfreie negative Resultate erhalten werden, zu 3 ist ein Maximalgehalt von 0,2 % freier Fettsäure zulässig, weil eine vollständige Entfettung bei mit Seifen behandelten Textilien technisch sehr große Schwierigkeiten bietet und bei einem Höchstgehalt von 0,2 % freier Fettsäure Grünanlaufen von unechtem Gold nicht beobachtet worden ist.

Als mich vor einigen Jahren eine Fabrik infolge unablässiger Schwierigkeiten durch Anlaufen von unechtem Gold mit der Ausarbeitung von Vorschriften und der regelmäßigen Kontrolle der bei ihr verarbeiteten gefärbten Garne betraute, lagen die Verhältnisse in dieser Beziehung noch ziemlich im argen, insofern als eine große Anzahl von Färbungen den Bedingungen, die an eine solche Färbung gestellt werden mußten, nicht entsprachen. Es trat sehr häufig sowohl Grünanlaufen als auch Schwarzanlaufen ein, welches auf den Säuregehalt, Schwefelgehalt u. ä. zurückgeführt werden mußte. Doch schnell gewöhnte sich die Färberei daran, die aufgestellten Vorschriften streng einzuhalten, sodaß in letzterer Zeit Schwierigkeiten in den fraglichen Betrieben fast gar nicht mehr vorkamen. Färbungen, welche obiges Prüfungsverfahren bestanden, erwiesen sich auch praktisch als „metallecht". Wenigstens ist mir im Laufe der Jahre keine Mitteilung darüber gemacht worden, daß das mit den als echt bezeichneten Färbungen verarbeitete Gold später im Gebrauche angelaufen ist, was doch jedenfalls geschehen sein würde, wenn ungewöhnliche Erscheinungen zutage getreten wären. Zu schließen ist daraus, wohl nicht ganz unbegründet, daß das Anlaufen durch die Atmosphärilien doch nicht so sehr oft eintritt, wie man anzunehmen geneigt ist, denn sonst würden doch wohl häufiger Beanstandungen wegen des Anlaufens von Gold zu vermerken gewesen sein, das der Laie immer zunächst auf die Färbung zurückzuführen versucht.

Bei echtem Gold, das für kostbare Uniformstücke, Tressen, Borden usw. Verwendung findet, dürfte von den Textilfasern in erster Linie die Wolle und die Seide in Frage kommen. Abgesehen von der größeren Echtheit des Metalles selbst schließt schon die Veredlungsart dieser Fasern häufiges Anlaufen aus. Vor allem werden animalische Fasern schon seltener (trotz vieler hierauf Bezug nehmender Patente, Arbeitsverfahren usw.) mit Schwefelfarbstoffen gefärbt, weil der Gehalt an Schwefelalkali in den Farbstoffen und den Farbbädern die tierische Faser ungünstig beeinflußt. Hierdurch wird schon eine Hauptgefahr beseitigt. Alsdann findet Grünanlaufen des echten Goldes durch freie Säuren nicht statt, es dürften demnach freie wasserlösliche Säuren und Fettsäuren ohne Einfluß auf das Anlaufen von echtem Gold bleiben. Anderseits kommen aber wieder Schwefelverbindungen in Frage, die, so unschuldig sie auch auf den ersten Blick erscheinen, durch Zusammenwirkung mit Farbstoff, Säuregehalt der Faser, Faser, Atmosphärilien, erhöhter Temperatur, Feuchtigkeit, Sonnenlicht u. a. m. schädlich wirken können. Selbst die scheinbar so unschuldige schweflige Säure birgt große Gefahren in sich; noch viel leichter werden Hydrosulfid und Thiosulfat, welche leicht Schwefelwasserstoff abspalten können, am Anlaufen die Schuld tragen müssen. Es sollte demnach den Herstellern dieser Färbungen dringend angeraten werden, von diesen Hilfsstoffen wenn möglich ganz abzusehen, oder mindestens dafür Sorge zu tragen, daß keine Überreste davon in der Faser verbleiben. Hierher gehört auch der eingangs erwähnte Fall, der im Materialprüfungsamt zur Untersuchung gelangte und wo das rote Tuch von der Färberei her noch starke Verunreinigungen durch Schwefelverbindungen aufwies. Die Reaktionen auf aktive Schwefelverbindungen wurden einwandfrei nach verschiedenen

8*

Prüfungsverfahren erhalten. 1. Schwärzen von Blattsilber in der Wickelprobe, 2. Schwärzen von Bleipapier beim Erhitzen des Stoffes mit verdünnten Säuren, 3. Schwärzen bei der trockenen Erwärmung des Stoffes (Sublimationsversuch). Eine zum Vergleich dem Kleinhandel entnommene, ähnlich feuerrot gefärbte, Wollgarnprobe lieferte dieselbe Schwefelreaktion in unzweideutigster Weise. Man ersieht hieraus, daß diesem Umstande in den beteiligten Industriekreisen noch nicht genügend Beachtung geschenkt wird, und daß die Aufmerksamkeit dieser Kreise hierauf mit Nachdruck hinzulenken ist.

Beim Bedrucken von Bandfabrikaten (meist Halbseidenband) mit Blattgold liegt die Frage wesentlich anders. Während für die Großindustrie die Stoffe auf Bestellung der Webereifabrikanten für bestimmte Zwecke meist partienweise gefärbt werden (sei es von einer Lohnfärberei oder von der Weberei selbst), nur der vorausbestimmten Verwendung dienen und deshalb der jeweiligen Bestimmung in jeder Beziehung angepaßt werden können und müssen, so entnimmt anderseits die Kleinindustrie (Hand- und Hausindustrie) ihre zum Bedrucken nötigen Bänder direkt dem Handel, ohne beurteilen zu können, ob sie für den fraglichen Zweck geeignet sind oder nicht. Wenn hier dann überraschende Erscheinungen auftreten, und z. B. unechtes Blattgold nach dem Bedrucken von Trauerschleifen nicht nur in einigen Tagen total vergrünt, sondern sogar völlig aufgelöst, „aufgezehrt" wird und nur Grünfärbung des Bandes zurückbleibt, braucht durchaus nicht wunder zu nehmen. Man sollte den Druckern aber stets anraten, statt des unechten Blattgoldes echtes Blattgold zu verwenden; dann fallen die Schwierigkeiten mit einem Schlage fort. Den kleinen Mehraufwand dürfte der Besteller in den meisten Fällen gerne tragen, zumal die Kleinindustrie hier weniger mit dem Materialaufwand als mit den Löhnen zu rechnen hat. Im übrigen handelt es sich hier immerhin um einen untergeordneten Artikel, an den keine besonderen Dauerhaftigkeits-Ansprüche gestellt werden. Bei der Großindustrie, wo Werte umgesetzt werden, wo der Ruf und Name des Erzeugers auf dem Spiele steht, da sollte mit größerer Sachkenntnis und Umsicht zu Werke gegangen werden; da sollten aber auch die beteiligten Kreise von sachverständiger Seite mit besonderem Nachdruck auf die Gefahren hingewiesen werden, welche ihnen drohen.

Für die Redaktion verantwortlich: **A. Martens.** — Verlag von **Julius Springer** in Berlin.